현대의학으로 풀리지 않는 난치병 세계!

〈내 몸을 살 … 답과 함께,

건강 … 보자.

건강을 잃으면 모두를 잃습니다. 그럼에도 시간에 쫓기는 현대인들에게 건강은 중요하지만 지키기 어려운 것이 되어버렸습니다. 질 나쁜 식사와 불규칙한 생활습관, 나날이 더해가는 환경오염……. 게다가 막상 질병에 걸리면 병원을 찾는 것 외에는 도리가 없다고 생각해버리는 분들이 많습니다.

상표등록(제 40-0924657) 되어있는 〈내 몸을 살리는〉 시리즈는 의사와 약사, 다이어트 전문가, 대체의학 전문가 등 각계 건강 전문가들이 다양한 치료법과 식품들을 엄중히 선별해 그 효능 등을 입증하고, 이를 일상에 쉽게 적용할 수 있도록 핵심적 내용들만 선별해 집필하였습니다. 어렵게 읽는 건강 서적이 아닌, 누구나 편안하게 머리맡에 꽂아두고 읽을 수 있는 건강 백과 서적이 바로 여기에 있습니다.

흔히 건강관리도 노력이라고 합니다. 건강한 것을 가까이 할수록 몸도 마음도 건강해집니다. 〈내 몸을 살리는〉 시리즈는 여러분이 궁금해 하시는 다양한 분야의 건강 지식은 물론, 어엿한 상표등록브랜드로서 고유의 가치와 철저한 기본을 통해 여러분들에게 올바른 건강 정보를 전달해드릴 것을 약속합니다.

이 책은 독자들에게 건강에 대한 정보를 제공하고 있으며, 수록된 정보는 저자의 개인적인 경험과 관찰을 바탕으로 한 것이다. 지병을 갖고 있거나, 중병에 걸렸거나 처방 약을 복용하고 있는 경우라면, 반드시 전문가와 상의해야 한다. 저자와 출판사는 이 책에 나오는 정보를 사용하거나 적용하는 과정에서 발생되는 어떤 부작용에 대해서도 책임을 지지 않는다는 것을 미리 밝혀 둔다.

내 몸을 살리는
수소수

정용준 지음

모아북스
MOABOOKS

저자 소개 **정용준** e-mail: nadohealing@naver.com

중앙대약대를 졸업하고 현재 자연치유전문약국인 자연애약국 대표, 국제통합건강연구소 대표,한국요양보호사중앙회의 자문약사로 활동하고 있다. 또한 현대의학, 한의학, 자연의학, 운동치유, 심리치유 등을 융합하여 통합건강컨텐츠를 운영하며 통합건강을 주제로 현대인들에게 화학적인 처방 및 수술보다 더 근원적인 자연치유법에 대한 핵심적인 강의도 진행하고 있다. 저서로는 〈내 몸을 살리는 노니〉, 〈노니 건강법〉, 〈내 몸을 살리는 MSM〉, 〈반갑다 호전반응〉 외 다수의 저서가 있다.

내 몸을 살리는 수소수

초판 1쇄 인쇄 2018년 11월 25일
1쇄 발행 2018년 11월 30일
3쇄 발행 2020년 06월 25일
5쇄 발행 2024년 11월 01일

지은이 정용준
발행인 이용길
발행처 모아북스 MOABOOKS

관리 양성인
디자인 이룸

출판등록번호 제 10-1857호
등록일자 1999. 11. 15
등록된 곳 경기도 고양시 일산동구 호수로(백석동) 358-25 동문타워 2차 519호
대표 전화 0505-627-9784
팩스 031-902-5236
홈페이지 www.moabooks.com
이메일 moabooks@hanmail.net
ISBN 979-11-5849-091-1 03570

수소수 내 몸을 지킨다

'기적의 물' 로 알려진 세계 4대 샘물을 조사해 보았더니 용존수소량이 다른 샘물들에 비해 훨씬 높은 수소활성수로 밝혀졌다. 물에 다량 함유되어 있는 수소가 각종 질병의 예방과 치료에 놀라운 효과가 있다는 사실을 보여준 사례였다.

수소는 우주의 시작과 함께 존재해온 원시물질이다. 그러니까 우주의 시작은 수소에서 비롯되었다고 해도 틀린 말은 아니라는 뜻이다. 그런데도 우리는 지금껏 수소에 대해 거의 모르고 살아왔다. 18세기에 수소가 발견될 당시만 해도 물의 원소라는 것 외에는 알지 못했고 별 관심도 없었다. 그 이후 수소는 원자번호 1번으로 가장 작고 가벼운 물질 그리고 모든 유기물의 원소, 태양을 이루고 있는 가장 비중이 큰 물질, 지구에서 9번째로 풍부하며(지구 전체 질량의 0.9퍼센트), 우주 전체 물질 질량의 75퍼센트를 차지하는 원소라는 중요한 사실들이 밝혀졌다.

처음으로 수소를 발견한 사람은 영국 화학자 헨리 캐번디시이며, 수소(그리스어로 "물을 만드는 것")라는 이름을 붙인 사람은 프랑스 화학자 앙투안 로랑 라부아지였다.

수소는 연소를 해도 물만 남을 정도로 청정에너지다. 수소는 이미 오래 전에 전지에 사용되었으며, 수소 자동차도 상용화 단계에 이르렀다. 태양열이나 태양광도 수소로 이루어진 태양 에너지를 사용하는 것이므로 결국 수소를 사용하는 셈이다.

이처럼 주로 산업이나 군사(수소폭탄) 분야에서 주목받아온 수소가 오늘날에는 건강물질로 더욱 주목받고 있다. 인류의 숙원이던 질병과 노화 문제 해결의 실마리를 수소에서 찾은 것은 고무적인 일이다. 질병의 원인이 대개 산화(활성산소에 의한 상해)에 있다고 밝혀진 이후 수소가 가장 유력한 항산화 물질로 여겨지고 있다. 건강을 지키는 기적의 물질로 무궁무진한 가능성을 지닌 수소는 마시는 물, 즉 수소수로도 각광받고 있다. 물에 녹아 있는 수소가 인체로 들어가면 끊임없이 발생하는 활성산소를 제거해 산화를 막아주고 세포내 미토콘도리아로 들어가면 ATP(생체 에너지)를 만들어 준다.

전기분해로 수소수를 만들어도 대개 서너 시간이 지나면 수소는 다 날아가고 물만 남는다. 그러니까 수소가 목욕만 하고 나가버린 물인 셈이다. 그런 수소수에 못이나 나사 같은 철물을 담가놓으면 수년이 지나도 녹이 슬지 않는다니 믿기지 않지만 여기에 수소의 힘이 있다. 수소가 물속에 있는 동안 물의 구조를 환원구조로 바꾼 것인데, 바로 이런 환원력이 우리 몸을 살리는 수소수의 비결로 작용한 것이다.

건강을 행복의 최고 조건으로 여기는 오늘날, 건강을 지키는 가장 강력한 첨병으로 수소수가 뜨고 있다. 아무쪼록 이 책이 여러분의 건강을 지키는 소중한 길잡이가 되기를 바란다.

정 용 준

| 차 례 |

3장 내 몸을 살리는 수소수

4장 수소수 음용 사례자

1장 내 몸을 지키는 기적의 물

1. '좋은 물' 이란?

좋은 물이 다양한 만성질환을 낫게 한다는 것은 이제 특별한 이야기가 아니지만 정작 좋은 물이 어떤 물인지는 잘 모른다. 전에는 그저 막연하게 깨끗한 물이면 좋은 물이라고 여겼지만 가장 깨끗하다는 정수기 물은 인체에 필요한 미네랄마저 모두 걸러낸 나머지 산성화된 나쁜 물이라는 사실이 밝혀져 좋은 물에 대한 인식이 바뀌고 있다.

그런 가운데 세계 곳곳에서 난치병도 고친다는 기적의 물, 즉 좋은 물이 관심을 끌고 있다. 프랑스의 루르드샘물은 해마다 500만 명의 순례자가 찾는 가톨릭 최대 성지다. 이곳의 샘물은 수천 명의 질환을 고쳐 '루르드의 성수' 로 불리고, 그 성수를 제공하는 이 자그마한 마을은 '기적의 마을' 로 불린다. 독일 노르데나우 마을의 폐광에서 발견된 샘물도 암을 비롯한 숱한 난치병을 고쳐 좋은 물로 널리 알려진 나머지 이 작은 마을은 연중 많은 사람들로 북적거린다. 멕시코의 트라코테에서도 그런 좋은 샘물이 발견되었는데, 1인당 한정량 3리터를 구입하려면 사나흘 줄을 서야 한다. 미국 프로농구의 전설 매직 존슨이 이 물을 마시고 에이즈를 치료하는 등 이 물로 많은 사람들이 건강해진 사실이 알려지면서 이 작은 마을에 해마다 800만 명의 사람들이 찾아온다니 '물의 성지' 라 할 만하다.

세계 4대 성수의 샘물

독일의 노르데나우 샘물

프랑스의 루르드 샘물

인도의 나다나 우물

멕시코의 트라코테 우물

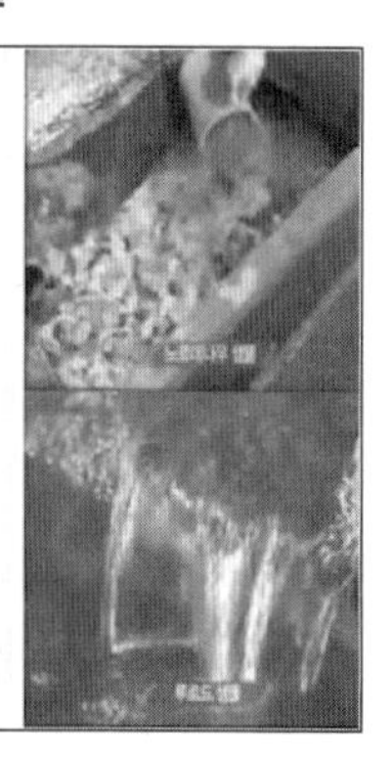

이처럼 세계적으로 유명한 기적의 샘물은 물론 좋은 물로 판명된 모든 물의 공통점은 뭘까. 바로 활성수소가 풍부하게 함유된 수소수라는 점이다. 트라코테의 샘물처럼 좋은 물은 활성수소 함유량이 보통 물보다 10배나 많은 것으로 알려졌다. 실험 결과 이런 좋은 물을 날마다 하루 2리터쯤은 마셔야 확실한 치료효과가 있는 것으로 나타났다.

노르데나우 샘물, 루르드 샘물에서 나타난 치유의 힘

그러니 보통 물이라면 하루 20리터를 마셔야 하는데, 그것은 불가능한 일이므로 보통 물로는 사실상 치료 효과를 볼 수 없다는 이야기다.

[우리 몸 안에서 물이 하는 일]

1. 입에서 신장으로 순환하며 대사활동을 돕는다.
2. 세포에 산소와 영양을 공급한다.
3. 땀과 대소변에 섞여 독소와 노폐물을 배출한다.
4. 소장과 대장에서 음식물의 소화와 흡수가 원활하게 한다.
5. 열이 나면 땀을 흘리도록 함으로써 체온을 조절한다.
6. 신체 관절의 윤활유 역할로 움직임을 활발하게 해준다.
7. 신체의 골격과 체형의 균형을 유지시킨다.

무려 100조여 개의 세포로 이루어진 우리 몸의 70퍼센트는 물이다. 뼈를 제외한 거의 모든 세포의 85퍼센트가 물로 이루어진 셈이다. 이런 물은 소화, 흡수, 순환, 배설과 같은 대사활동을 원활하게 해주고 몸 안에 쌓인 독소와 노폐물을 배출하는 중요한 역할을 한다. 이처럼 물은 생명 유지의 근원이자 건강을 지키는 필수 요소다.

질병을 치유하는 모든 물질에서 물은 가장 효과적인 치유수단이다. 인간을 비롯한 모든 생물이 필요로 할 때 물은 즉각 그에 응하여 모습을 바꿔가면서 자기 역할을 다하지만 일이 끝나면 다음을 대비하기 위해 없는 듯 물러난다.

본성이 순수하고 무구한 물은 모든 것을 정화하고 재생하고 치유하는 능력을 지니고 있다.

TIP 우리 몸에 물이 부족하면 안 되는 이유는 무엇인가?

자신도 모르는 사이에 우리 몸에서는 끊임없이 탈수가 일어나고 있으므로 그만큼 물을 마셔 보충해줘야 우리 몸은 건강을 유지할 수 있다. 그런데 많은 사람들이 얼마 정도의 물을 어떻게 마셔야 하는지 잘 몰라서 물이 부족한 탈수 상태로 살아간다.

질병의 대부분은 물이 부족한 것과 연관되어 있다. 가령 천식은 호흡기가 나빠져 발생하는 것으로 알기 쉽지만 실상은 몸 안에 수분이 부족하여 발생하는 합병증이다. 수분 부족으로 신경전달물질인 히스타민이 활성화되면서 천식과 같은 알레르기성 병이 생기는 것이다. 물을 "치료의 핵심"으로 정의한 뱃맨겔리지 박사는 실제로 천식을 앓고 있는 아이들이 물 섭취를 늘리고 나서 병에서 벗어난 많은 사례를 보고하고 있다.

실제로 탈수에 따른 수분 부족으로 여러 가지 통증이 유발되므로 통증은 탈수가 일어나고 있다는 신호를 보내는 것이나 마찬가지다. 그러니까 갑작스럽게 일어나는 통증, 즉 배가 아프다고 하는 것과 같은 증상은 대개 탈수로 인한 것이어서 물 한두 잔을 마시는 것만으로도 통증이 가라앉는다. 물은 과연 천연 진통제라고 할 수 있다.

2. 물 제대로 알고 마셔야 건강하다

물은 생명의 원천으로, 우리 몸의 대부분을 구성하고 몸속을 고루 돌아다니며 대사활동을 촉진한다. 근본 영양소인 물은 에너지의 원천이기도 해서 우리 몸에서 물질대사를 사실상 지배하는 역할을 수행한다. 즉 "영양소를 태워 에너지를 만드는 것이 화력발전이라면 물로 에너지를 만들어 내는 것은 수력발전" (뱃맨겔리지)인 셈이다.

인체 내 물 구성 비율의 분포영역

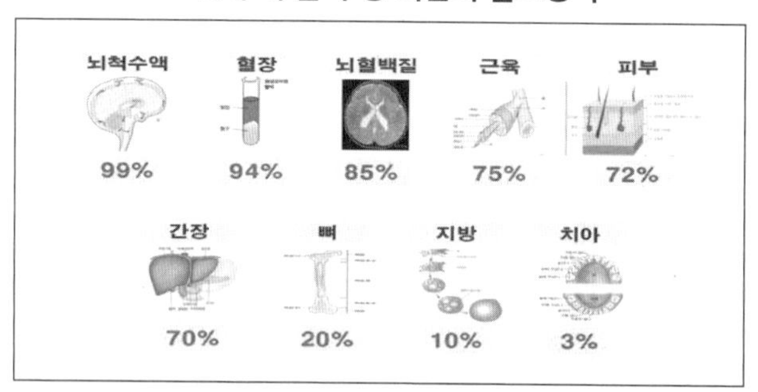

또 물은 몸에서 일어나는 거의 모든 질병을 예방하고 치료하는 최고의 약이며 신장에 부담을 덜어준다. 특히 노약자는 탈수로 체내에 수분이 다량 상실되면 장이 상하게 되므로 탈수가 일어나지 않도록 주의해야 한다. 그리고 물은 혈액의 점도를 묽게 하여 동맥경화증, 심근경색, 뇌졸중과 같은 치명적인 질환을 막아준다.

그 밖에도 물은 변비를 해소하고 감기를 예방한다. 그뿐이 아니라 술을 마실 때 물을 마시면 간장의 부담을 줄여주고 물을 마셔 소변의 양을 늘려서 알코올을 배설하면 물로써 혈액 속의 알코올 농도를 줄여 간장에 부담을 덜어준다. 담배를 피우는 사람도 물을 충분히 마셔 항이뇨작용을 억제할 수 있다.

[놀라운 물의 효능]

1. 대사활동을 촉진하여 각종 질환을 예방한다.
2. 간장과 신장의 부담을 덜어준다.
3. 동맥경화증, 심근경색, 뇌졸중과 같은 중병을 예방한다.
4. 변비를 해소하고 감기를 예방한다.
5. 방광염과 방광암을 예방한다.
6. 위 · 십이지장 궤양을 억제하고 천식을 완화시킨다.
7. 알레르기 질병의 원인 물질을 배출하고 치료한다.

우리가 과음 후에 두통을 느끼는 것은 대개 수분 부족 때문이다. 분해되지 않고 몸속에 남은 알코올이 오줌을 증가시켜 목이 마르고 땀이 나며, 구토를 통하여 수분이 적어지면 혈액순환이 나빠져 뇌에 부종이 생겨 두통이 일어나는 것이다. 게다가 물은 방광염과 방광암을 예방한다. 물을 많이 마셔 오줌을 묽게 함으로써 오줌에 포함된 발암물질의 영향을 줄이는 것이다.

어떤 물이 좋은 물인가?

① pH가 7.4~8.5로 **약 알칼리성**이며, ORP가 낮은 물.(-250mV ~ -600mV)
② 물 분자가 작은 **6각수** (세포 내 흡수가 용이)
③ 염소 · 녹 · 중금속 · 세균 등의 유해물질이 없는 물.
④ **미네랄**이 풍부하고 물맛이 좋은 물.
⑤ **수소**가 풍부(활성산소제거)한 환원능력이 높은 물.

그 밖에도 물은 위 · 십이지장 궤양을 억제하고, 앞에서 말했듯이 천식을 완화시킨다. 우리가 감기 등으로 열이 날 때도 찬물을 마셔 체열을 식혀서 땀을 흘리지 않도록 함으로써 탈수를 방지한다. 또한 물은 알레르기 질병의 원인 물질을 배출하고 치료한다. 더욱이 운동피로를 빨리 회복시켜 정신까지 맑게 한다.

그렇다고 무턱대고 물을 지나치게 많이 마시는 것도 좋지 않다. 뭐든지 지나친 것은 모자라는 것만큼이나 탈을 일으킨다. 그래서 과유불급(過猶不及)이라는 말이 생긴 것이다. 물이 부족해서 몸이 아픈 것이라고 했더니 무조건 많이만 마시면 좋은 줄 알고 종일 물만 마셔대는 것을 자랑으로 삼은 사람도 드물지 않다. 미안하지만 그런 사람도 수분이 부족한 사람 못지않게 몸이 아파서 고통을 받는다.

섭취해야 할 물의 적당량은 소금 섭취에 따라 정해진다. 요즘 매스컴에서는 한국인의 나트륨 과다섭취 폐해를 다루면서 섭취량을 기준치에 맞춰 줄일 것을 권장하고 있다. 그러면서 물을 가능한 한 많이 마시라고 하는데, 그것은 앞뒤가 맞지 않는 말이다.

나트륨과 칼륨은 우리 몸속의 수분을 조절하는 원소로,

나트륨은 세포 밖의 수분을 조절하고 칼륨은 세포 안의 수분을 조절한다. 그러므로 이들 원소가 부족하면 몸속에 물을 담을 수 없게 된다.

다시 말해, 물 섭취량에 비해 미네랄이 부족하면 물을 많이 마시더라도 몸 밖으로 내보낼 수밖에 없어 탈수증을 겪는다는 이야기다. 심한 경우 물을 너무 많이 마신 나머지 물 수독증에 걸려 고생하는 사람도 있다.

그러니까 물과 함께 적정량의 미네랄을 섭취해야 우리 인체 전해질의 균형이 잡힘으로써 면역력이 강해져 질병에 잘 걸리지 않는다는 것이다.

3. 정수한 물은 죽은 물이다

조선 제일의 명의로 꼽히는 허준(1539~1615)은 《동의보감》에서 물을 33가지 종류로 나누어 그 특징과 쓰임을 일일이 설명하고 있다. 무슨 물의 종류가 그리 많을까 싶기도 하겠지만 사실 물은 그 안에 녹아 있는 성분에 따라 여러 가지 특색이 있다.

물은 무색무취하여 순수함의 대명사처럼 쓰이지만 순전히 물 분자만으로 구성된 진짜 순수한 물은 존재하지 않는다. 물은 물질을 녹이는 성질이 있어서 늘 뭔가를 녹여서 함유하고 있다. 그래서 지질에 따라 수질 역시 달라진다. 지역마다 물이 다른 것도 바로 그런 이유다.

흔히 낯선 곳에 처음 가서 그곳 샘물을 마시면 물을 갈아먹는다고 하는데, 사람에 따라서는 물을 갈아먹고 배앓이를 하기도 하는데, 물에 녹아 있는 어떤 낯선 성분 또는 미생물 오염 때문이라 할 수 있다.

함유 성분에 따라 달라지는 물의 특성과 맛					
pH (수소이온 함유 정도를 나타내는 단위)			경도 (칼슘과 마그네슘 함유 정도를 나타내는 단위)		
산성 〉	pH 7.0(중성)	〈 알칼리성	연수 〉	101~300(중연수)	〈 경수
역삼투압 정수기물 5.5~6.8	(살아있는 물은 산성을 중화시킴)	우리 몸의 체액 7.4	경수도 정수기를 통과하면 영양분을 상실	경도(mg/l)=(칼슘 함유량×2.5)+(마그네슘 함유량×4.0)	미네랄 등의 광물질 성분 풍부
여러 정수기 물은 산성을 띠어 먹는 물로는 부적하고, 혈액을 산성화시켜 질환의 원인이 됨			적당량의 물을 마시는 것도 중요하지만 살아 있는 물을 마시는 것이 더 중요		

미네랄을 비롯한 광물질 성분이 풍부한 물은 대개 경도가 높은 경수인데, 유럽이나 북미 대륙의 물이 경도가 높다. 아시아나 남미 대륙보다 지층에서 물이 천천히 흘러 광석과 접촉하는 시간이 길어지기 때문이다.

앞에서 물은 미네랄 섭취에 따라 적당량을 마셔야 한다고 했다. 그러나 그렇게 했는데도 건강이 나빠지는 경우가 있다. 현재 마시고 있는 역삼투압 방식으로 정수한 물을 마셨기 때문이다.

삼투압이란 농도가 연한 물이 진한 물로 이동하는 것을 말하는데, 역삼투압은 인위적으로 농도가 진한 물이 연한 물로 이동하도록 한 것이다. 역삼투압 정수기는 이런 원리로 물에 든 오염물질을 거르면서 미네랄 같은 영양소까지 모두 걸러버리므로 죽은 물이 되는 것이다.

이런 물은 아무리 마셔도 질병 예방이나 치유에 별 도움이 되지 못한다. 오히려 인체를 산성화시켜 없는 병을 생기게 할 위험이 있다. 옆 페이지의 〈역삼투압 정수기 물은 태아에게 독이다〉 내용을 참고하기 바란다.

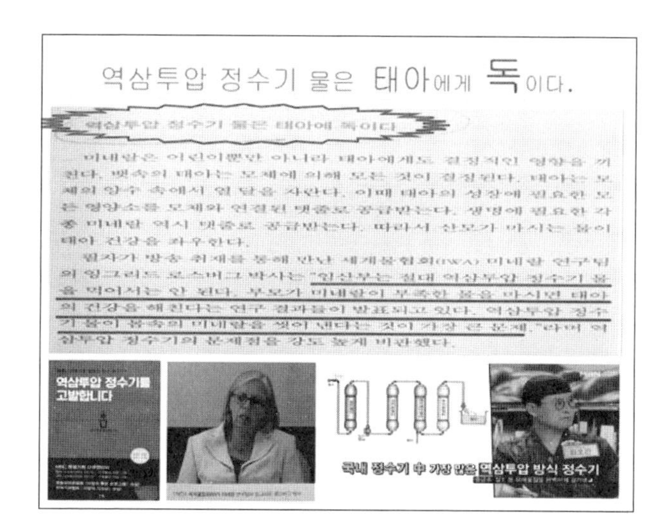

역삼투압 정수기 물은 태아에게 독이다.

역삼투압 정수기 물은 태아에게 독이다

미네랄은 어린이뿐만 아니라 태아에게도 결정적인 영향을 끼친다. 뱃속의 태아는 모체에 의해 모든 것이 결정된다. 태아는 모체의 양수 속에서 열 달을 자란다. 이때 태아의 성장에 필요한 모든 영양소를 모체와 연결된 탯줄로 공급받는다. 생명에 필요한 각종 미네랄 역시 탯줄로 공급받는다. 따라서 산모가 마시는 물이 태아 건강을 좌우한다.

필자가 방송 취재를 통해 만난 세계물협회(IWA) 미네랄 연구팀의 잉그리드 로스버그 박사는 "임산부는 절대 역삼투압 정수기 물을 먹어서는 안 된다. 부모가 미네랄이 부족한 물을 마시면 태아의 건강을 해친다는 연구 결과들이 발표되고 있다. 역삼투압 정수기 물이 몸속의 미네랄을 씻어 낸다는 것이 가장 큰 문제."라며 역삼투압 정수기의 문제점을 강도 높게 비판했다.

한국인의 위암 발생률이 세계 1위라고 한다. 이렇게 된 데는 전체 보급 정수기의 80퍼센트가 역삼투압 방식의 정수기라는 것도 크게 작용한 것으로 보인다. 역삼투압 방식의 정수기 물은 pH5.5~6.8로 산성을 띠어서 먹는 물로는 부적합하다. 이런 산성수를 마시면 혈액이 산성화되어 점성이 높아지면 혈액을 통한 산소 공급이 원활하지 못하게 된다. 결국 폐와 간장 그리고 신장 활동에 문제가 생기고, 심근경색이나 뇌경색을 일으키게 된다.

우리 몸의 체액은 pH7.4 정도의 약알칼리성을 유지하는

데, 이 산도가 조금만 달라져도 면역체계에 문제가 생겨 온갖 질병에 노출된다. 산성이 강한 식품이나 물과 같은 pH 농도가 낮은 물질이 우리 몸에 들어오면 적정한 pH를 유지하기 위해 몸속 여러 기관이 필요 이상으로 무리하여 에너지를 낭비하게 된다. 이는 기본적으로 만성피로의 원인이 된다.

역삼투압 방식의 정수기 물이 우리 몸에 더욱 나쁜 것은 산성이 높고 영양가가 없다는 것뿐 아니라 이미 우리 몸에 있는 미네랄마저 빼앗아 몸 밖으로 내보낸다는 것이다.

그래서 물은 적당량을 마시는 것도 중요하지만 살아있는 물을 마시는 것이 더욱 중요하다.

4. 좋은 물에 대한 정의

술 광고를 보면 물 광고인지 술 광고인지 헷갈릴 때가 있다. 너나없이 "ㅇㅇㅇ미터 깊이의 천연 암반수로 만든…" 어쩌고 하면서 좋은 물을 내세우기 때문이다. 물맛이 술맛을 좌우한다는 이야기다. 소설 《동의보감》에 허준이 새벽마다 약을 달일 물을 기르러 깊은 산골짝 샘까지 다니는 장면이 나온다. 같은 샘에서 나오는 물도 시각에 따라 다른데, 미명의 새벽에 길은 물이 가장 좋다는 것이다. 약발도 물에 따라 달라진다는 이야기에 다름 아니다.

나이가 들면 몸 속의 수분은 감소한다.

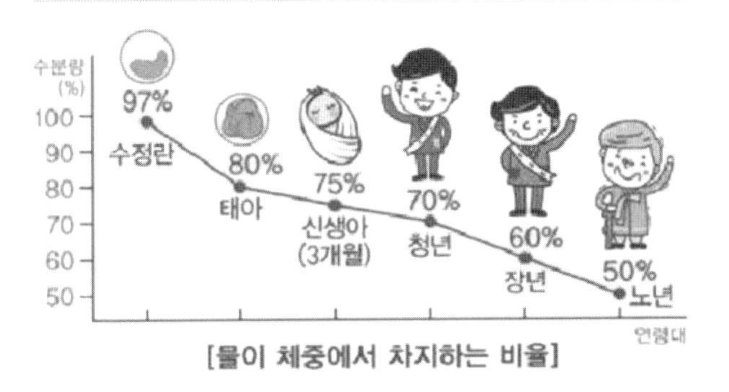

[물이 체중에서 차지하는 비율]

그렇다면 좋은 물이란 어떤 물일까. 두말 할 것도 없이 몸에 좋은 물이 좋은 물이다. 구체적으로, 환원력이 높고 우리 몸을 공격하는 활성산소를 제거해주는 물을 말한다.

[우리 몸에 좋은 물이란?]

1. pH7.4~8.5의 약알칼리성으로 환원력이 강한 물
2. 분자가 작고 구조가 치밀하여 세포에 흡수가 잘 되는 물
3. 중금속 같은 유해물질, 대장균 같은 유해세균이 없는 물
4. 적당량의 산소와 수소를 함유하고 있는 물
5. 활성산소를 제거하는 수소를 다량 함유하고 있는 물

수소가 풍부한 물은 몸에 좋다고 하는데, 수소수란 어떤 물이고 왜 몸에 좋은 것인지 살펴 보자.

수소는 아주 가벼운 기체여서 대기 중에는 거의 존재하지 않으며, 그런 성질 때문에 아주 일부 물에만 녹아 있고 99.99퍼센트의 물에는 없다. 그러니까 자연 상태에서 수소가 함유된 수소수는 전체 물의 0.001퍼센트에 불과하다는 이야기다. 대개 상온에서 0.3~1.6ppm 정도의 수소를 함유한 물을 수소수라고 하는데, 다음과 같은 특성 때문에 몸에 좋다고 한다.

무엇보다 수소는 독성 활성산소를 선택적으로 제거한다. 환원력이 뛰어난 수소는 세포를 공격하는 가장 악명 높은 활성산소들을 제거하는데, 이들 활성산소는 다른 항산화물

질이 제거하지 못한다. 그래서 수소가 더욱 중요하다.

또 수소는 세포 에너지의 생산을 촉진하여 면역력을 높여준다. 수소는 활성산소를 제거하여 에너지 대사를 촉진시킴으로써 신체 기능을 원활하게 만든다. 게다가 몸속에 전자(수소이온)를 보급하여 인체의 산성화를 방지한다.

물(혈액)은 영양분을 이동한다

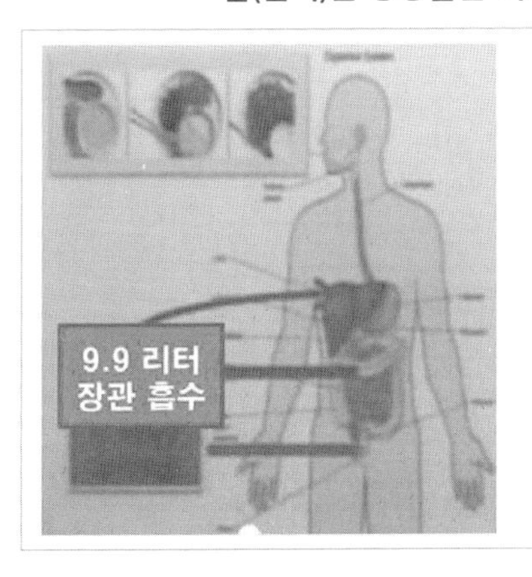

하루 10리터
소화액 분비

타 액 1.5 리터

위장액 2.0리터

췌장액 2.5리터

담즙액 1.0리터

장관액 3.0리터

물이 우리 몸 세포의 대부분을 차지하므로 물을 바꾸면 세포가 바뀌고, 세포가 바뀌면 우리 몸이 변한다. 물을 마시면 30초면 혈액에, 1분이면 뇌 조직과 생식기에, 10분이면 피부에, 20분이면 장기에, 30분이면 몸속 곳곳에 이른다. 물은 이렇게 우리 몸에 빠르게 흡수되어 혈액과 체액을 변화시킨다.

몸속의 세포는 6개월이면 완전히 다른 세포로 바뀌므로 각종 만성 질환에 시달리는 몸도 6개월만 꾸준히 적정량의 수소수를 섭취하면 건강한 몸으로 거듭날 수 있다.

다음 장에서는 수소수에 대해 구체적으로 살펴보자.

2장 현대인들이 주목한 수소수

1. 수소수란 무엇인가?

수소는 대기 중에는 거의 없어서 호흡으로 수소를 섭취하기는 어렵다. 그렇다면 수소는 어떻게 우리 몸속에 존재하면서 중요한 역할을 수행할 수 있을까.

지금껏 촉매 없이는 반응성이 약한 수소가 몸속에 수소화 효소를 가진 일부 미생물을 제외하고는 생체에서 수소를 이용할 수 없는 것으로 알아왔다. 그러나 우리 몸속에서도 수소가 발생한다는 사실이 확인되었다. 하루 10리터 이상의 수소 가스가 발생하는데, 혈관에 흡수되는 21퍼센트 가운데 3분의 2가 호흡을 통해 배출되는 것으로 알려졌다.

수소는 몸속을 순환하는 가스 가운데 산소와 이산화탄소 다음으로 많은데, 주로 장에서 발생하여 혈액에 흡수되고 간장을 거쳐 전신을 순환한 다음 가스 상태로 폐에서 호흡기를 통해 빠져 나간다. 흔히 메탄가스로 알려진 방귀에도 수소가 포함되어 있다.

수소수의 작용

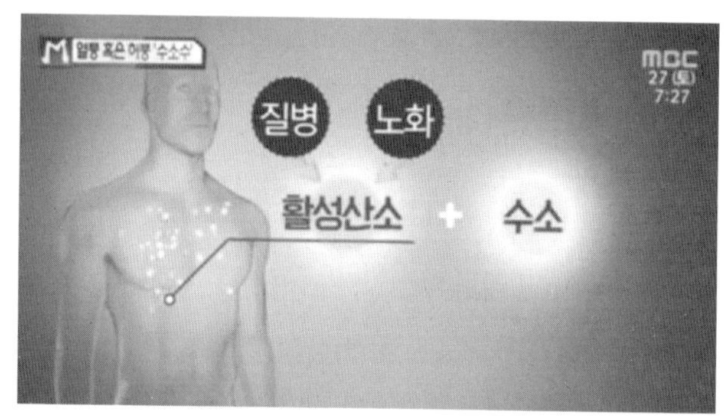

출처:mbc

수소는 생체를 공격하는 활성산소를 제거하는 강력한 항산화작용을 수행하는데, 몸속에 축적된 수소가 줄어 부족하게 되면 만성피로나 각종 성인병에 노출된다. 간이 피로하면 우리 몸도 피로를 느끼므로 우리 몸에서 수소를 가장 많이 간직하고 있는 장기가 바로 간이다. 간은 해독작용을 수행하는 장기로서 항산화물질을 가장 많이 소모한다.

간 다음으로 수소가 많은 장기는 장이다. 장내는 이상 발효로 인해 활성산소가 많이 발생하므로 이를 제거하는 데는 왕성한 수소의 활약이 필요하다.

이런 수소의 활약이 미약해지면 우리 몸은 죽음에 이른다. 그런 사실은 생체물리학자 야마노이 노보루 박사가 《수소와 전자의 생명》에서 인상적으로 묘사하고 있다.

"어떤 원인으로 몸속 어딘가에서 수소가 줄어들면 몸속 여러 곳의 수소 댐에서 수소를 공급한다. 그런데도 수소의 고갈이 계속 진행되면 결국엔 죽음에 이르는데, 이 과정 끝에 질병과 노화의 결과인 죽음이 있다."

난치병 가운데 가장 흔해진 암은 예전엔 유전적 원인이 가장 큰 것으로 알려졌는데, 최근에는 스트레스가 발병의 가장 큰 원인으로 지목되고 있다. 스트레스는 그만큼 우리 몸에 치명적인 손상을 가한다. 스트레스를 많이 받을수록 우리 몸속에 활성산소도 그만큼 늘어나는데, 그에 따라 동맥경화, 성인병 같은 만성 질환이 생긴다. 그러니까 활성산소가 많을수록 수소도 그만큼 많이 소모되는데, 세포 조직의 물에 함유된 수소가 충분하면 그 주변의 환원력이 높아져서 산화의 진행이 그만큼 느려진다.

야마노이 박사에 따르면, 수소가 부족하면 DNA 레벨에 문제를 일으키기도 한다. DNA는 이중나선 구조를 띠는데,

수소 결합으로만 이중나선의 각 분자가 연결되기 때문이다. 그러니까 수소가 부족해지면 젊은 세포의 재생력을 활성화할 수 없게 된다.

세포 단위에서도 수소가 발생하여 핵심 작용을 수행한다. 탄수화물, 단백질, 지방과 같은 영양소에는 모두 수소가 함유되어 있는데, 화학적 구조로 결합되어 인체에서 나오는 여러 효소로 분해된다. 그 과정에서 물질로부터 수소가 분리되는 탈수소 작용이 일어나는데, 이때 분리된 수소 전자가 생체 에너지 생산에 핵심 역할을 수행한다. 결국 에너지 생성도 수소 작용으로 일어난다고 할 수 있다.

국내 · 외 언론에서 보도한 수소의 기능

"올바른 식습관을 도와주는 수소수" _월간 암(2012. 6. 4)

수소수의 가장 큰 특성은 활성산소를 제거하는 것이다. 활성산소는 반응성이 강한 산소 유도체를 통칭하는데 세포 노화 등 유해한 효과도 갖고 있지만 세포의 핵심기능을 조절하고 있는 것으로 알려져 있다.

"기억력 저하, 수소수로 억제" _요미우리신문(2008. 7. 19)

수소수를 마심으로써 기억력(인지기능) 저하를 억제할 수 있다는 것을 일본 의대 오오타 교수팀이 동물실험으로 확인했다.

"수소 함유수로 구강암 억제" _일간 공업신문(2007. 7. 23)

히로시마 대학의 미와 교수팀과 고암 제작소의 공동 연구팀은 수소를 고농도로 녹인 특수한 물이 암 억제에 유효하다는 것을 실험으로 확인했다. 이 수소 함유수가 정상세포에 대해 거의 무해하다는 것도 실험으로 알아냈다. 일상적으로 마심으로써 구강암이나 구내염, 설염의 예방을 기대할 수 있다.

"수소 함유된 물에 파킨슨병 예방 효과" _일간 공업신문(2009. 9. 30)

큐슈대학대학원 약학연구원의 노다 교수는 수소를 포함한 물을 마시면 파킨슨병 등의 뇌신경질환 예방 및 치료에 효과가 있다는 것을 검증했다고 발표했다.

"뇌경색 치료, 수소가 효과" _요미우리 신문(2007. 5. 8)

동맥경화 등의 원인인 활성산소를 수소가 없애고 뇌경색에 의한 뇌 손상을 반 이하로 줄이는 효과가 있다는 것을 일본의대 대학원의 오오타 교수팀이 동물실험으로 확인했다.

2. 수소의 기능

우리 몸에서 수소가 하는 역할은 활성산소를 제거하는 항산화작용이 핵심이다. 하지만 그것만으로는 난치병이 치료되는 효과를 설명하기에는 충분하지 않다고 하는데, 그렇다면 수소는 또 어떤 작용을 하는 걸까.

생체물리학자들은 수소가 항산화제 외에 전달 물질로서의 역할을 수행할 가능성을 제기한다. 학자들은 그 근거로 "수소 분자가 억제하는 것으로 새로 발견된 즉시성 알레르기는 산화 스트레스와 상관이 없으므로 항산화작용만으로는 설명되지 않는다" 는 것이다.

수소는 상호작용으로 생리기능을 조절하는 산화질소, 일산화탄소, 황화수소에 이은 제4의 전달 분자로 작용하면서 산화 스트레스와 상관없는 질병까지 치유한다는 주장이 힘을 얻고 있다. 우리 몸속의 수소는 세포가 만드는 것은 없으며 모두 장내 세균이 만드는데, 오래 전부터 인체에 존재해온 수소 가스는 항산화와 항염증 작용에 영향을 미친다는 것이다. 몸속을 도는 수소는 활성산소 제거에 그치지 않고 활성산소가 생기기 어려운 체질로 바꿔준다. 체질을 바꾼다는 것은 수소가 유전자의 스위치를 조절한다는 것으로, 수소수를 마시면 유전자의 스위치 조절 기능이 작동하여 하루쯤 지속되기 때문에 수소수를 항상 마시지 않아도 그 효과가 지속된다.

수소수의 다양한 기능

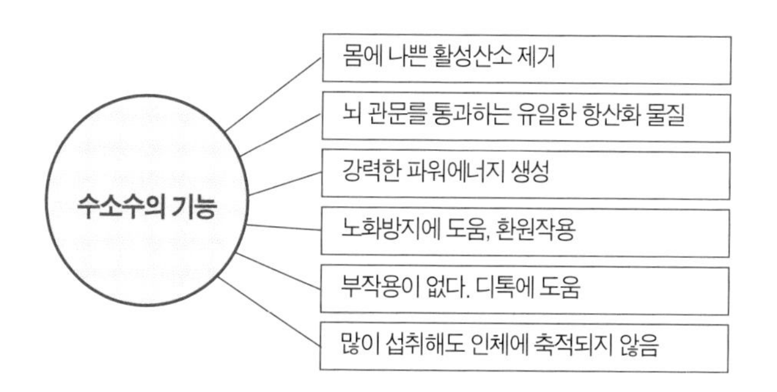

유력한 연구들은 장내 세균이 수소를 발생시켜 산화 스트레스를 방어할 가능성을 보여주고 있는데, 장내에서 만들어진 수소는 고혈압이나 심장병 발생을 억제할 뿐 아니라 염증성 호르몬의 과도한 발생을 억제해 염증을 줄여준다.

한 연구는 수소수를 마시면 위에서 공복호르몬인 그렐린

이 분비된다고 한다. 이 호르몬은 성장호르몬 분비 촉진작용을 하는 것으로 밝혀졌다. 성장호르몬은 신경세포의 보호와 보수에 강력하게 작용하는 노화방지 효과로 주목받고 있다. 그런데 성장호르몬은 투여 비용이 높을 뿐 아니라 투여하는 것도 까다롭다.

가압 트레이닝으로 근육에서 성장호르몬 분비를 자극하는 방법도 있지만 노약자에게는 그런 트레이닝 자체가 맞지 않다. 가압 트레이닝은 팔 아랫부분이나 허벅지 윗부분의 혈관을 압박하고 근력을 키우는 것을 말한다. 그래서 공복 자극이나 수소 음용으로 공복호르몬 분비를 촉진하는 방법이 주목받게 된 것이다.

이제 100세 시대라고 하여 평균수명은 주체하기 어려울 만큼 늘어났는데 정작 건강수명은 한참 뒤처져 있는 현실이다. 오래 사는 것보다 아프지 않고 건강하게 오래 사는 것이 중요하다. 건강을 잃으면 다 잃는다는 것이 괜히 나온 말이 아니다. 건강하게 살려면 반드시 우리 몸속의 독성 활성산소를 제거해야 한다. 수소수는 그런 활성산소를 없애는 가장 간편한 방법으로, 노화를 방지하는 핵심 물질이다.

수소에 염증과 산화를 방지하는 항산화작용 외에 성장호

르몬을 자극해 노화를 방지하고 수명 연장 효과까지 있다는 사실은 놀랍다. 항산화작용 외에 그동안 우리가 몰랐던 수소의 또 다른 작용들이 완벽하게 밝혀진 것은 아니지만, 항산화작용 외에도 수소가 다른 작용들을 통해 산화 스트레스와 상관없는 질병들에까지 영향을 미친다는 것은 분명해 보인다.

3. 면역력의 중심 역할을 하는 수소

사람들은 흔히 약이 질병을 치료하는 것으로 알고 있지만 실상은 질병으로 나타난 증상을 일시적으로 완화시킬 뿐이다. 우리 몸의 병을 고치는 진짜 치료사는 자연치유력을 지닌 면역력으로, 생명의 문지기라고 할 수 있다.

면역력을 연구하는 생리학자들은 "대부분의 화학 약물은 질병을 근본적으로 치료하지 못한다. 오히려 면역력을 떨어뜨려 병을 키우거나 다른 병에 추가로 걸리게 한다" 며 "면역력을 높이는 최고의 비법은 약에서 벗어나는 것" 이라고 목소리를 높인다. 그렇잖아도 대부분의 화학 약물중 흔히 사용하는 진통제와 항생제가 면역력을 떨어뜨리는 주범이라는 것은 이제 누구나 아는 사실이다.

수소는 우리 몸의 에너지를 증가시켜 면역력을 높인다. 섭취된 영양소는 혈액을 타고 세포로 전달되어 대사활동과 신체활동에 필요한 에너지로 바뀐다. 그런데 여러 가지 원인으로 세포의 에너지 생산량이 줄어들면 몸의 활력과 면역력이 떨어진다.

세포의 기능이 약화되어 에너지 흡수율이 떨어지면 남은 영양소가 간이나 지방에 쌓여 지방간, 비만, 만성피로로 이어지기도 하고, 혈액에 콜레스테롤과 포도당이 많아져 고지혈증, 당뇨, 고혈압과 같은 성인병을 일으키기도 한다.

우리 몸의 세포가 에너지 부족을 겪는 가장 큰 원인은 노화로 세포가 줄어드는 것과 활성산소의 공격으로 세포가 줄어드는 것이다.

노화로 인한 감소는 어쩔 수 없다 해도 활성산소의 공격으로 인한 감소는 수소를 음용하여 막을 수 있는 것이어서 수소수의 중요성이 새삼 주목받게 된 것이다.

[인체에서 요구하는 좋은 수소수의 조건]

좋은 물의 조건		좋은 수소수의 조건
인체에 해로운 이물질이 함유되지 않은 순수하고 깨끗한 물	+	pH 중성, 풍부한 용존 수소
칼슘, 나트륨, 마그네슘 등 미네랄이 적당히 함유된 물 (인체 내의 신진대사를 원활하게 하는 역할)		소독부산물(트리할로메탄 등 발암성 물질) 및 일반 세균, 대장균이 제거된 물
무색무취		소독 냄새 없는 물

수소수 음용을 통해 우리 몸에 공급된 수소는 손상을 입은 세포막을 보수해 세포 산화와 기능 약화를 방지하는 것으로 알려졌다. 그러니까 수소수가 세포의 재생과 기능 회복에 중요한 역할을 수행하는 셈이다.

수소이온 중에는 마이너스 수소이온이 있다는 주장이 제기되었는데, 미국의 생명과학자 패트릭 플래너건 박사가 파키스탄의 장수 마을에 있는 훈자의 물을 연구하다가 발견했다고 한다. 마이너스 수소이온은 일반 환경에서는 존재하지 않는다. 대개의 수소이온은 전자가 없는 산성화된 이온을 말하는데, 마이너스 수소이온에는 전자가 하나 더 있어서 환원력이 보통의 수소이온에 비해 두 배나 되고 활성이 훨씬 크다는 것이다.

이런 마이너스 수소이온에 대해서는 논란이 많은 가운데 그 존재를 인정하지 않는 학자도 있지만 마이너스 수소이온으로 만든 수소칼슘을 음용하고 나서 질병이 치유된 사례가 많이 보고되고 있어 갈수록 설득력을 더해가고 있다.

흔히들 장을 몸속의 음식물을 소화시키는 기관 정도로만 알고 있지만 장은 인체 면역력의 중심 역할도 한다. 그러므로 장이 튼튼하다는 것은 소화력이 뛰어나다는 의미뿐 아니라 면역력도 뛰어나다는 의미다.

따라서 장의 기능이 떨어지면 자연히 면역력도 떨어진다. 우리 몸에 활성산소가 발생하는 원인으로 스트레스, 흡연, 음주, 장내 이상 발효, 자외선, 식품첨가물, 격렬한 운동 등을 들 수 있는데, 이상 발효가 가장 큰 원인으로 알려졌다. 바로 이 이상 발효를 장내 수소가 막아주는데, 그러려면 수소수의 섭취가 필요하다.

4. 수소수가 우리 몸에 미치는 이로운 작용

수소는 질병을 일으키는 활성산소를 제거하는데다가 항산화 작용, 항염증 작용, 항알레르기 작용, 혈관과 혈액의 정화 작용을 수행한다. 이로써 다양한 질환을 예방하고 치유하는 놀라운 역할을 수행한다.

항산화 작용은 수소의 원천 능력으로 항염증 작용과 항알레르기 작용도 여기서 분화된 것으로 볼 수 있다. 염증이나 알레르기 역시 활성산소가 빚은 산화 스트레스가 원인이기 때문이다.

[우리 몸속에서 일어나는 수소수의 이로운 작용]

1. 다양한 질환을 예방하고 치유하는 놀라운 역할 수행
2. 몸속 독성 활성산소를 없애 건강한 몸의 기초 마련
3. '선택적' 항산화 작용으로 항염증과 통증 완화 작용
4. 항 알레르기 및 혈관과 혈액 청정 작용
5. 산화작용으로 진행되는 동맥경화 예방

대부분의 질병은 활성산소로 인해 발생하는데, 몸속의

각 기관이나 조직의 기능 저하도 활성산소가 저지른 세포의 손상으로부터 비롯한다. 혈액순환 장애도 적혈구가 활성산소에게 전자를 빼앗겨 일어나는 것이니 마찬가지다. 그러므로 우리 몸속에서 독성 활성산소를 없애야만 건강하게 살 수 있는 기초를 마련할 수 있다.

여기서 특히 주목되는 것은 수소가 '선택적' 항산화 작용을 한다는 점이다. 수소는 인체에 필요한 활성산소는 건드리지 않고 백해무익한 두 가지 독성 활성산소, 즉 하이드록실라디칼과 퍼옥시나이트라이트만 제거한다. 이 놀라운 선택적 작용 기전은 학자들의 핵심 연구 대상이 되고 있다.

또 수소는 항염증은 물론 통증 완화에도 뛰어난 작용을 수행한다. 신경세포의 손상이나 신경계의 이상으로 발생하는 신경병성 통증은 대상포진이나 디스크 같은 질병으로 인해 발생하는 통증으로 짐작만 해왔을 뿐 정확한 발병 원인을 밝혀내지 못하고 있었다. 그러다가 국내 연구진이 독성 활성산소가 원인이라는 사실을 밝혀냈다. 따라서 수소수를 음용하면 그런 통증도 치유할 수 있다는 것을 알 수 있다.

게다가 수소는 항알레르기 작용에도 뛰어난 능력을 발휘

한다. 알레르기는 우리 몸이 외부에서 들어오는 항원에 대해 보이는 과민반응을 말한다. 알레르기성 비염은 만성질환자의 70퍼센트 이상이 축농증과 두통을 호소하는데, 수소가 이런 질환 개선에 탁월한 효과를 보인다.

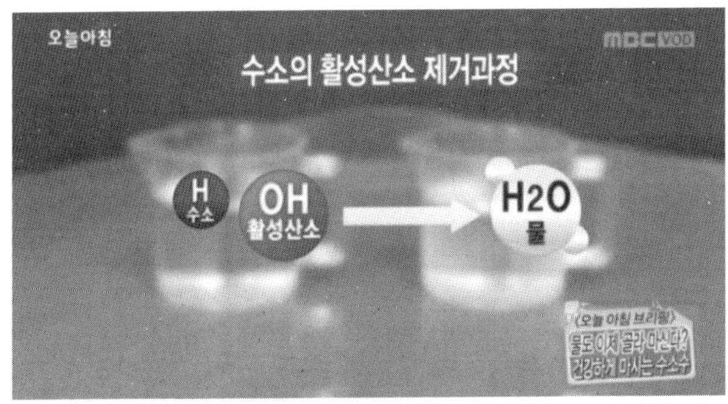

출처:mbc

실험 결과 수소는 알레르기 반응을 일으키는 과도한 과산화수소(H_2O_2)의 발생을 억제시키는 것으로 나타났다. 수소가 산화질소와 같은 신호 전달 물질로서 정보전달계에 작용한다는 새로운 사실이 밝혀진 것이다.

그뿐이 아니다. 수소는 혈관과 혈액을 청정하게 하는 작용도 수행한다. 나이가 들거나 과도한 스트레스를 받으면 혈관이 노화된다. 수소는 독성 활성산소를 중화시켜 내벽을 보호함으로써 혈관이 건강한 상태를 유지하도록 작용한다. 수소는 환원력을 통해 산화작용으로 진행되는 동맥경화를 예방할 수 있다. 수소가 동맥 내의 지질, 단백질, 침전물 형성을 방지한다는 것이다. 수소는 활성산소가 산화시킨 적혈구를 환원시켜 혈액을 맑게 하는 역할도 수행한다. 맑아진 혈액은 산소와 영영소를 세포까지 원활하게 전달하며, 독소와 노폐물을 비롯한 피로 물질이 밖으로 잘 배출되도록 작용한다.

다음 장에서 수소수가 우리 인체에 미치는 영향에 대해 알아보자.

3장 내 몸을 살리는 수소수

1. 암을 억제하고 질병의 부작용을 감소시킨다

수소가 암 세포 증식 억제 작용을 한다는 연구 결과는 이미 40여 년 전에 발표되었지만 당시에는 그 억제 기제의 정확한 원리를 알지 못했고 다만 암과 활성산소의 상관관계만 파악한 것으로 보인다.

암을 일으키는 가장 큰 원인은 면역력 저하인데, 이 면역력을 저하시키는 주범은 스트레스다. 스트레스는 교감신경을 긴장시켜 백혈구의 수를 늘리고, 암세포를 제거하는 림프구의 수치는 줄인다. 백혈구는 외부에서 침입하는 세균이나 바이러스를 방어하는 역할을 수행하지만 죽으면서 대량의 활성산소를 내뿜는다.

우리 몸에서 끊임없이 발생하는 암세포의 대부분은 면역세포가 제거한다. 살아남은 일부 암세포가 집단을 이루어

세포조직에 침투해 퍼지려고 하는데, 수소가 이런 암세포의 침윤을 억제한다. 암세포 안에 있는 과산화수소가 암세포의 침윤을 촉진하는데, 수소수가 그 과산화수소의 절반 가까이를 억제하여 동력을 크게 약화시킨다는 것이다.

수소는 한편으로 방사선 치료를 비롯한 항암 치료에 따른 부작용을 크게 줄여주는 것으로 밝혀졌다. 항암 치료에 따른 가장 심각한 부작용은 정상세포의 사멸과 면역세포의 파괴다. 이는 치명적인 부작용으로 암 치료 후에도 재발의 결정적인 원인이 되기도 한다.

면역세포가 크게 감소한 몸은 암세포가 다시 증식하면 속수무책으로 당할 수밖에 없다. 방사선 치료를 받는 암 환자는 만성피로에 시달리는 것은 물론 상당한 고통을 겪는다. 과도한 활성산소가 일으킨 산화 스트레스와 염증이 증가한 때문이다. 이때 수소수가 그런 부작용을 최소화할 수 있다.

[암세포의 침윤과 암의 재발을 억제하는 수소수]	
대부분의 암세포	살아남은 암세포
⇨ 면역세포가 제거함	⇨ 수소가 침윤을 억제함
항암치료로 인해 면역세포가 대부분 파괴되는 현상과 부작용으로 암이 재발할 위험성이 높아짐. 이때 수소수가 면역세포를 대신하여 부작용을 최소화함.	

암세포는 정상세포보다 훨씬 더 많은 영양소를 소비하고 더욱 빠르게 성장한다. 그래서 암세포는 많은 영양소를 섭취하기 위한 혈관망을 필요로 하기 때문에 주위에 무수한 모세혈관이 구축된다. 이 혈관망을 제어할 수 있다면 자연히 암세포 증식도 억제할 수 있다. 그런데 이 혈관망 증식에 관여하는 VEGF(혈관 내피 증식 인자)를 수소가 제어하여 모세혈관 증식을 억제한다는 연구 결과가 나왔다.

그런가 하면 수소수는 간염과 간경화의 치유에도 효력을 보인다고 한다.

간은 우리 몸에서 일어나는 대부분의 화학작용에 관여하므로 간 기능이 떨어지면 소화 기능과 대사 조절 기능이 떨어져 피로를 느끼고, 몸 안에 들어온 알코올이나 독소 해독 능력이 떨어져 몸 안에 독소가 쌓인다. 그러면 간염이 발생하기 쉽고, 심해지면 간경화나 간암으로 발전하여 생명을 위협한다.

간에서 지나치게 발생하는 활성산소를 효과적으로 제거하여 지방이 과산화지질로 변하는 것을 막는 역할을 수행하는 것이 바로 수소다. 간염이란 간에서 일어나는 염증인데, 간이 활성산소와 과산화지질의 공격에 노출되면 염증이 악화되어 더욱 심각한 질병으로 발전한다. 이런 사태를 막기 위해 수소는 환원작용을 통해 활성산소를 제거하고 과산화지질의 생성을 억제한다.

2. 당뇨를 예방할 수 있다

우리나라 인구 10퍼센트에 이르는 500만 명이 당뇨로 고통 받고 있다고 한다. 당뇨는 그만큼 흔한 병이기도 하지만 오래된 병이기도 하다. 그런데도 현대 의학은 아직 뚜렷한 치료법을 내놓지 못하고 있다. 그 대신 당뇨의 증상인 혈당을 조절하는 처방에만 의존하여 치료가 아닌 관리만 하고 있는 실정이다.

그런데 당뇨에 걸리면 정작 위험한 것은 당뇨 자체보다

그에 따른 합병증이다. 혈당을 조절하는 것만으로 합병증의 위험이 제거되는 것은 아니다. 우리 역사상 가장 위대한 임금으로 추앙받는 세종대왕은 당뇨로 인해 온갖 합병증을 앓은 대표적인 사례다. 대왕은 당뇨 합병증으로 시력이 약화되는 중에도 훈민정음 창제에 몰두하다가 결국 당뇨망막병증에 걸려 책을 보지 못할 지경이 되었다. 그 밖에도 두통, 이질, 부종, 풍증, 수전증 같은 잔병을 달고 살았으며 족부가 썩어 들어가는 당뇨병성 족부궤양까지 앓았다.

흔히 당뇨를 고혈압과 비교하는데, 당뇨가 훨씬 위험하다. 고혈압은 혈압을 잘 조절하면 큰 문제없이 건강하게 살 수 있지만, 당뇨는 고혈압으로 인한 합병증에 더해 신경계에까지 문제를 일으켜 통증을 유발하고 각종 장기를 손상시킨다. 그러다가 결국 목숨까지 위협하는 무서운 병이다.

당뇨는 흔히 1형과 2형으로 나뉘는데, 대부분이 2형 당뇨 환자다. 1형 당뇨는 인슐린 분비 기능이 망가져 인체가 혈액 내 혈당을 흡수할 수 없기 때문에 평생 외부에서 인슐린을 공급받아야 하는 심각한 질병이다. 주로 20대 이전의 어린 나이에 걸리므로 소아당뇨라고 한다. 이에 비해 2형 당뇨는 인슐린이 정상으로 분비되지만 어떤 문제로 인슐린의 기능이 현저히 떨어지거나 인슐린 수용체 등에 이상이 생겨 포도당을 흡수하지 못하는 질병이다.

당뇨도 활성산소가 빚은 산화 스트레스로 발생한다. 그러므로 당뇨 치료도 산화 스트레스를 줄이는 것이 관건이다. 그래서 수소를 포함한 천연 환원수가 샘솟는 독일 노르데나우의 샘물이 관심을 끌고 있다. 100명의 2형 당뇨 환자들에게 그곳 샘물을 하루에 2리터씩 마시게 했더니 77퍼센트의 환자는 활성산소종이 의미 있는 수치로 감소하고, 45퍼센트의 환자는 혈당치와 당화 혈색소가 크게 감소했다고 한다.

그리고 수소는 활성산소를 제거하여 불완전 연소하는 미토콘드리아를 활성화함으로써 ATP(생체 에너지) 생성을 촉진하여 혈당 흡수를 늘리는 것으로 보인다. 수소는 기본적으로 독성 활성산소를 제거하는데다가 인슐린 작용 경로를 자극하여 인슐린을 활성화함으로써 당뇨를 개선한다는 연구 결과도 있다.

당뇨 중에서도 2형 당뇨는 '난치병' 으로 여겨지는 반면 1형 당뇨는 '불치병' 으로 여겨질 만큼 치명적이다. 그런데 그런 1형 당뇨에도 수소가 괄목할 만한 개선 효과를 보인다는 연구 결과가 속속 나오고 있어 희망적이다.

앞에서도 말했듯이 수소는 혈액을 맑게 하고 혈액순환을 촉진함으로써 산소와 영양을 몸에 말단까지 원활하게 순환시켜 점차 당뇨의 합병증을 줄여준다. 당뇨 합병증 가운데 불치병으로 여겨지는 만성신부전에도 수소수가 그 예방과 치료에 효과를 보이는 것으로 나타났다.

3. 심혈관과 뇌 질환 작용

심장병은 현대인에게 가장 위협적인 질병이다. 대표적인 심장병인 관상동맥 질환은 지난 20년 새에 10배나 급증했다. 한국인의 사망 원인 질병 1위는 암이지만 세계 1위는 심장병이다.

심장에 혈액을 공급하는 관상동맥이 동맥경화로 좁아져 혈액 공급이 부족해지면서 일어나는 질환이 심장병이다. 동맥경화는 동맥 안에 지방이 쌓여 동맥벽이 두꺼워지고 혈관이 굳어져 탄력을 잃는 노화 상태를 말한다. 심장에 산소와 영양을 공급하는 관상동맥에 동맥경화가 발생하여 심화되면 혈관이 막혀 심근경색을 일으킨다. 뇌동맥에 이 증상이 발생하면 혈관이 좁아지면서 뇌졸중이 발생한다.

혈관의 세포막에는 불포화지방산이 많이 포함되어 있는데 이 불포화지방산이 활성산소에 공격을 당해 과산화지질이 생성된다. 수소는 독성 활성산소를 제거해 과산화지질 생성을 억제하는 한편 혈관 내부에 쌓인 과산화지질을 환원시킴으로써 좁아진 혈관을 넓혀주는 것으로 알려졌다. 지금까지 밝혀진 바로는, 일반 식품에 함유된 항산화 물질이 동맥경화를 예방한다는 증거는 없는 반면에 수소수는 산화 스트레스를 감소시켜 동맥경화를 방지하는 것으로 알려진 것이다.

수소수는 심근경색과 뇌경색의 발생을 억제하고 발병에 따른 장해 정도를 크게 낮춘다는 연구 결과도 나왔다. 심근경색이 있기 전에 수소를 미리 투여하더라도 혈관 내의 염증을 억제시켜 경색 위험을 크게 덜 수 있다. 또 경색이 일어난 다음에도 그에 따른 후유증을 크게 감소시키는 작용을 한다.

따라서 수소수를 꾸준히 마시면 심근경색을 예방하고 치유하는데 큰 도움을 받을 것이다. 혈류가 막혔을 때도 신속하게 수소를 투여하면 추가 손상을 막을 수 있다.

讀賣新聞

脳梗塞治療 水素が効果

「老化の黒幕」活性酸素を除去

출처: 수소의 뇌경색 치료 효과를 보도한 요미우리 신문

앞에서 수소수는 뇌졸중 예방과 치유에도 효과가 있다고 했다. 뇌졸중은 뇌에 분포하는 동맥혈관이 혈전으로 막히거나 터지면서 뇌 기능에 손상을 입히는 질환이다. 뇌졸중은 활성산소가 혈관 손상을 악화시켜 일으키는 질환이므로 뇌졸중 환자는 다른 혈관도 비슷한 손상을 입어 다른 혈관계 질병이 발생할 가능성이 크다.

뇌경색 환자가 해당 약을 복용하면서 수소수를 마시면 치료 효과가 훨씬 더 좋은 것으로 나타났다. 뇌경색 환자는 당장 약을 끊기가 어려운데다가 다른 건강식품은 부작용의 우려 때문에 선불리 섭취하기가 어렵다. 반면에 수소수는 부작용이 없으므로 치료제와 함께 꾸준히 마시면 더욱 큰 치유 효과를 기대 할 수 있다.

활성산소가 빚은 산화 스트레스가 원인인 질환에는 알츠하이머병, 파킨슨병과 같은 신경변성 질환도 있는데, 뇌세포가 활성산소로 인해 손상을 입으면서 심각한 뇌 질환으로 발전한다. 역시 이들 질환의 예방과 치유에도 수소수가 큰 효과를 발휘하는 것으로 알려졌다.

4. 아토피 및 피부염을 개선한다

아토피 피부염은 심한 가려움증을 수반하는 만성 알레르기 질환이다. 태열이라고 부르는 영아기 습진도 아토피 피부염의 시작으로 볼 수 있다.

아토피 피부염은 환자의 유전적인 요인과 환경적인 요인, 면역학적 이상과 피부 보호막의 이상 등 여러 원인이 복합적으로 작용하는 것으로 알려져 있다. 아토피 피부염의 가장 큰 특징은 심한 가려움증을 수반하고 외부의 자극이나 알레르기 유발 물질에 매우 민감하게 반응한다는 점이다.

우리가 피부염에 걸려 병원에 가면 먹는 약과 더불어 바르는 연고를 처방하는데 많은 경우 약과 항히스타민 연고는 스테로이드 성분이다.

한때 신이 내린 기적의 약으로 불릴 만큼 약발이 좋았던 이 스테로이드 연고는 반응 속도가 빨라서 순식간에 가려움증을 가시게 하고 증상을 가라앉혀 준다. 그러나 이것은 약물에 대한 내성을 키우고 면역력을 저하시켜 증상이 더욱 악화되는 치명적인 부작용을 남긴다.

아토피는 단순한 피부염이 아니다. 피부가 가렵고 빨갛게 부푸는 건 겉으로 드러난 증상일 뿐 병의 원인은 몸속 어딘가에 이상이 생긴 것이다. 그러므로 몸속의 문제를 고치지 않으면 피부에 나타난 증상 역시 근본적으로 고칠 수 없다. 그러나 피부에 아무리 효과가 뛰어난 약제를 바른다고 하더라도 병이 나을 리가 없는 것이다.

[수소수의 아토피 피부염 개선 과정]

1. 오염된 혈액을 정화시켜 혈액순환을 원활하게 한다.

   (수소수를 섭취하면 환원작용으로 오염된 혈액이 맑아진다.)

2. 맑아진 혈액은 노폐물과 독소를 몸 밖으로 잘 배출시킨다.

3. 혈액순환이 촉진되어 산소와 영양이 인체 말단까지 공급된다.

4. 대사와 면역 조절 능력이 향상된다.

5. 아토피는 물론 건선, 습진 같은 난치성 피부염도 호전된다.

흔히 피부를 '제3의 배설기관' 이라고 한다. 피부를 통해 많은 독소가 호흡과 땀으로 배출되기 때문이다. 이때 독소가 제대로 배출되지 않으면 피부에 문제가 생기는데 심하면 아토피 피부염을 일으킨다. 그러므로 피부 치료에만 급급한 처방으로는 완치되지 않는다. 병증의 원인인 과잉 활성산소를 제거하고 몸속의 독소를 배출하면서 피부에 나타나는 증상을 함께 다스려야 완치가 가능하다.

우리 몸속 장내 이상발효로 발생하는 황화수소(H_2S)와 암모니아는 간염이나 폐경변을 일으킬 뿐만 아니라 히스타민을 과잉 생성시켜 아토피 피부염과 같은 알레르기 질환을 일으킨다.

앞에서 말했듯이 수소수를 마시면 장내의 독성 물질을 중화시켜 장내 유익한 미생물을 위협하는 독성 물질 상당 부분을 제거한다. 수소의 환원작용으로 장내 미생물총이 좋아지면 미생물이 활발하게 운동함으로써 소화와 흡수가 정상으로 이루어지고 아토피의 원인이 되는 활성산소와 독소의 발생도 줄어든다.

아토피 피부염을 고치려면 먼저 오염된 혈액을 맑게 만들어 혈액순환이 원활해지도록 해야 한다. 수소수를 섭취하면 환원작용으로 오염된 혈액을 맑게 해주는데, 이렇게 맑아진 혈액은 각종 노폐물과 독소를 밖으로 원활하게 배출시킨다.

이처럼 혈액순환이 촉진되면서 산소와 영양이 인체 말단까지 잘 공급되고 대사와 면역 조절 능력이 향상되어 아토피 피부염은 물론이고 건선, 습진과 같은 난치성 피부염도 호전될 수 있다. 아토피 피부염을 일으키는 주범은 활성산소다. 피부층에서 과도하게 발생하는 활성산소로 인해 피부세포가 손상을 입어 나타나는 증상이기 때문이다.

따라서 우선 수소수를 바르면 신속하게 피부에 침투하여

활성산소를 제거함으로써 가려움증을 가시게 하고 피부를 진정시킨다. 그리고 동시에 수소수를 날마다 마시면 증상의 원인을 근본적으로 제거하여 완치에 이를 수 있다.

5. 눈, 귀, 관절과 우울증 개선에 관여한다

우리 몸의 각종 질환은 겉으로 드러난 증상만 보면 모두 개별적으로 일어나는 것 같지만 그 원인을 추적해 들어가면 실상은 서로 밀접하게 연결되어 있다. 그러니까 하나의 근본 원인을 바로잡으면 만병을 치유할 수 있다고 하는 것이다. 흔히 눈병이라고 하는 안과질환도 마찬가지다.

당뇨나 대사 질환에 걸리면 혈액순환 장애가 생겨 모세혈관이 모여 있는 눈도 탈이 난다. 안과질환도 근본적으로는 활성산소로 인해 발생하는 병이다. 그러므로 안과질환 치유에도 수소의 환원작용이 필요하다.

실제로 쥐를 대상으로 실험한 결과도 그것을 증명하고 있다. 시신경에 문제가 생긴 그룹에 수소 생리식염수를 2주간 투여하고 망막신경절 세포를 조사했더니, 일반 생리식염수를 투여한 그룹보다 세포 생존율이 크게 높은 것으로 나타났다. 이는 수소가 망막신경절 세포를 보호할 뿐만 아니라 시신경이 손상을 입은 후에도 시각 기능을 유지하는 데 도움을 준다는 사실을 의미한다.

같은 원리로 수소 생리식염수는 백내장을 억제하는 역할도 수행한다. 직사광선과 같은 강한 빛에 노출되면 망막에 활성산소가 과잉 생성되면서 망막을 손상시킨다. 수소수는 이처럼 강한 빛으로부터 망막의 손상을 예방하고 치유하는 데 도움을 주기도 한다.

[하나로 연결된 질환들에 대한 수소수의 작용]

1. 안질환(당뇨 또는 대사질환에 따른 혈액순환 장애)
   ⇨ 시각기능 유지에 도움
2. 난청(노화 또는 독성물질에 의한 달팽이관 손상)
   ⇨ 청각 유모세포 보호
3. 자가 면역 질환(독성 활성산소에 의한 면역계 이상)
   ⇨ 면역계 정상화에 도움
4. 정신질환(활성산소와 스트레스로 인한 전자 전달 장애)
   ⇨ 부교감신경 활성

수소수는 또 활성산소로부터 청각 유모세포를 지키는 것으로도 알려졌다. 달팽이관 손상에 따른 난청은 대개 노화, 유전 질환, 외상, 독성 약물 등이 원인이다. 청각 기능에서 가장 중요한 것은 바로 유모세포다. 인체의 달팽이관에는 2만여 개의 유모세포가 있는데, 이는 앞에서 언급한 원인으로 손상될 수 있다.

한번 손상된 유모세포는 재생이 되지 않으므로 돌이킬 수 없는 청각 손실을 입게 되고 심하면 청력을 완전히 잃을 수 있다. 활성산소는 노화, 소음 외상, 약물의 독성에 따른 청각 유모세포 손상에 크게 작용하는데, 이때 수소가 청각 유모세포를 보호하는 것으로 나타났다. 오랫동안 높은 소음에 노출되면 일시적으로 난청이 올 수 있는데, 수소수가 치유에 크게 도움이 되는 것으로 알려졌다.

한편, 면역계의 이상으로 여겨지는 자가면역 질환은 흥분한 면역세포가 자신의 건강한 세포나 조직을 병원체나 바이러스로 오인하여 공격하는 병을 말한다. 이 질환의 종류는 아토피를 비롯하여 수십 가지에 이르지만 그 원인이 속 시원히 밝혀지지 않아 원인을 치료하지는 못하고 그저 대증요법으로 관리만 할 따름이다.

그런데 원인도 모르면서 '자가면역' 질환이라고 하는 것은 잘못된 진단인 셈이어서 여러 가지 치료 요법이 심각한 부작용을 초래하고 있다는 주장은 설득력이 있다.

최근의 연구에 따르면 류머티즘이나 관절염도 수소만이 제거할 수 있는 독성 활성산소인 하이드록실라디칼이 가장 큰 원인인 것으로 나타났다. 그러므로 류머티즘과 관절염 환자에게 기존의 치료법에 수소수 사용을 함께 처방하면 치유 효과가 크게 향상될 것으로 보인다.

그뿐 아니라 수소수는 정신질환 치유에도 큰 효과를 나타내고 있다. 정신분열증(조현병), 조증, 우울증이 어우러진 조울증이나 자폐증에도 탁월한 효과가 있다니 놀라운 일이다. 수소가 전자를 보급하고 활성산소를 제거하여 부교감신경을 활성화함으로써 스트레스를 해소하여 안정을 가져다주는 것으로 보인다.

6. 다이어트도 할 수 있다

통증치료 전문가 뱃맨겔리지 박사는 '물 박사' 로 알려졌을 만큼 물이 가진 특성과 효능에 관한 한 세계적인 권위자로 통한다. 그는 물을 잘 마시는 것만으로도 몸속의 독소와 노폐물이 상당부분 제거되고 대사 작용도 활발해져 비만을 예방할 수 있다고 주장한다. 실제로 물을 잘 마시면 비만 예방에 상당한 효과를 볼 수 있다.

오늘날 비만은 단순한 영양과다에 의한 체중 증가가 아닌 질병의 문제로 다뤄지고 있다. 비만에 따른 각종 합병증이 다양하게 발생하고 있기 때문이다. 비만의 원인은 다양하게 제기되고 있지만 우리 몸속의 대사 작용이 원활하지 못하고 독소가 쌓이는 것도 주요 원인으로 제기되고 있다.

식품첨가물이나 약제에 포함된 독성 물질이 장내에서 산화 스트레스를 일으켜 세포를 손상시킨다. 단백질, 지방을 막론하고 닥치는 대로 산화시키는 독성 활성산소가 세포를 손상시키는 주범이다. 그래서 오늘날에는 이 독성 활성산소를 중화시키는 해독 요법이 비만 치료에도 널리 시행되고 있다. 수소수의 비만 치료 작용과 관련해서는 세계의 수소수의 선구자로 통하는 오타 시게오 박사의 인터뷰가 인상적이다.

"그동안 수소가 젖산을 억제하고 대사를 올려 활성산소

를 억제하는 것에 대해서는 널리 알려졌다. 그 밖에도 땀을 내게 하는 작용이 있어서 피부 미용이나 해독 효과도 기대할 수 있다. 그리고 수소는 과잉 음용해도 부작용이 없으므로 안심해도 된다. 잉여 수소는 호흡기로 배출되는데, 다만 대사가 활발해지면서 땀을 많이 흘리게 된다는 점은 주의할 필요가 있다. 땀을 많이 흘리면 체내에서 미네랄도 함께 빠져 나가므로 보충해줄 필요가 있다. 수소는 대기 중에 포함되어 있지 않으므로 적극적으로 음용해야 한다."

요즘 다양한 클리닉 센터에서 비만이 아닌 다른 질환을 수소수로 치료받고 있는 환자들이 뜻하지 않게 살이 빠졌다는 이야기를 많이들 하는 것으로 나타났다. 전문가들에 따르면 실제로 수소가 체지방을 감소시키는 역할을 하는데, 수소의 작용 가운데 아디포넥틴 증가 작용에 따른 것으로 보인다. 지방세포에서 분비되는 호르몬인 아디포넥틴은 지방 연소, 혈당 수치 저하에 중요한 역할을 수행하여 당뇨와 동맥경화 예방에 탁월한 효과가 있는 것으로 알려졌다.

앞에서도 거듭 말했듯이 수소는 활성산소 중에서도 강력한 독성 물질인 하이드록실라디칼을 선택적으로 제거한다. 이때 수소의 탁월한 점은 도달 장소를 선택하지 않는다는 점이다. 수소는 혈류를 따라 이동하지 않고 확산을 통해 이동하기 때문이다. 고정화된 지방조직에서는 혈액순환과 섭취한 물질의 움직임이 원활하지 못하기 때문에 혈류를 따라 이동하는 다른 항산화 물질이 지방조직에 도달하는 데 어려움을 겪는다. 그러나 수소는 지방조직에 쉽게 도달하므로 체지방을 감소시키는 효과를 내는 것이다.

수소수를 장기간에 걸쳐 꾸준히 음용하면 지방산과 당 소비를 촉진함으로써 간장 호르몬의 발현을 증강시켜 비만을 감소시키는 것으로 알려졌다. 그러니까 수소가 에너지 대사를 자극하여 비만은 물론이고 당뇨와 대사 증후군 개선에도 크게 작용하는 것으로 나타난 것이다.

7. 불임과 성기능 장애 개선에도 탁월한 수소수

수소수는 남성이나 여성을 막론하고 불임을 개선하고 남성의 성기능 장애를 개선하는 데 상당한 효과를 보이는 것으로 나타났다.

남성 불임 환자에게 수소 치료 요법은 안전하고 효과적

인 새로운 치료법으로 가능성을 높여가고 있다. 정계정맥류(고환 윗부분에 있는 정맥 다발이 비장상적으로 확장되어 생기는 질환) 환자가 정자를 생성하기 어려운 가장 큰 이유는 활성산소종 때문이라고 한다. 그러므로 정맥류 억제나 항산화 치료는 활성산소종의 생성을 감소시켜 정자의 질을 높일 가능성이 크다. 수소는 세포나 조직에 대한 항산화, 항염증 작용을 통해 정계정맥류와 남성 불임을 개선하는 것으로 알려졌다.

한편, 정자의 운동성은 생식능력에 크게 영향을 미치는데, 수소가 정자의 운동성을 자극하는 것으로도 알려졌다. 손상된 사람의 정자를 수소가 함유된 배양지에 한동안 넣어두었다가 정자의 운동성을 조사했더니 크게 개선된 것으로 나타났다.

남성의 정자는 늘 새롭게 만들어지는 데 반해 여성의 난자는 태어날 때부터 소(난포, 미성숙 난자)가 이미 정해져 있다고 한다. 다시 말해, 심장이나 신경과 같이 나이가 들수록 소도 노화되어 점점 더 임신하기가 어려워지는 것이다. 그래서 여성의 경우에는 난자의 노화가 불임의 원인이 될 수 있다고 하는 것이다. 그래서 수소가 난자의 노화를 막아 불임을 개선할 수 있는 것으로 알려졌다.

무엇이 되었든 노화의 주요 원인은 산화다. 산화를 방지하려면 항산화 물질이 필요한데, 난자의 소를 보존하고 있는 난소는 산화를 방지하기 위해 산소를 옮기는 혈액의 공급마저 줄인다. 따라서 혈류를 통해 공급되는 일반 항산화 물질은 전달이 어려워 항산화 역할을 기대할 수 없다. 그래서 혈류가 아닌 확산을 통해 몸속에 전달되는 수소의 역할이 더욱 중요해진다.

한편, 수소수는 남성 성기능 장애에도 탁월한 개선 효과를 보이는데, 이는 당뇨 치료제 부작용 환자들에게서도 확인되고 있다. 당뇨 치료제를 얼마간 복용하고부터 발기부전이 되었는데 수소수를 음용하고 나서 다시 발기가 되었다는 사례도 드물지 않게 나타나고 있다. 또 간 질환을 치료하려고 수소수를 음용한 환자가 그동안 소식이 없던 발기가 아침마다 나타났다는 사례도 있다. 사실 발기부전은 혈관의 유연성이 떨어져 일어나는 것이므로 동맥경화를 억제하는 수소가 개선 효과를 보이는 것은 자연스럽다. 수소는 혈관을 깨끗하게 넓혀 줄 뿐만 아니라 혈액순환도 좋게 하므로 수소수를 꾸준히 음용하면 음경 부분 혈액의 흐름이 원활해져 발기부전이 개선되는 것이다.

남성 성기능 장애에 크게 악영향을 미치는 것은 스트레스와 흡연으로 알려졌다. 특히 흡연에 따른 니코틴은 음경혈관 장애와 고환의 남성 호르몬 분비 장애에 모두 악영향을 미치는 것으로 밝혀졌다. 이때 수소수를 장기간 음용하면 니코틴에 의해 유도된 산화 스트레스 장애로부터 고환혈관과 고환 세포를 수소가 보호하는 것으로 보인다.

그런데 다른 항산화 물질들은 전달력의 한계 때문에 제 역할을 하지 못하고 역시 수소만이 산화를 억제한 것으로 나타났다.

8. 피부를 젊고 매끈하게 지켜준다

인체에서 피부는 건강의 바로미터로 통한다. 건강에 이상이 생기면 가장 먼저 피부에 변화가 나타나기 때문이다. 반면에 건강이 좋지 않았다가 회복되는 신호도 피부에 가장 먼저 나타난다. 그래서 수소수를 음용하는 것으로 다른 질환을 낫고 나면 덩달아 피부가 좋아졌다는 말을 듣게 되는 것이다. 사실 몸이 피곤하거나 과음, 과로를 하게 되면 피부가 푸석푸석해지거나 붓거나 무슨 뾰루지 같은 것이 돋기도 한다. 음식을 잘못 먹고 탈이 나도 피부에 두드러기가 돋는 등 알레르기 현상이 나타난다. 반면에 피부에서 그런 현상이 사라지고 매끈해지면 그 원인 질병이 치유된 신호로 볼 수 있다.

피부는 활성산소에 가장 민감하게 반응하는데, 자외선에 피부가 손상되는 것도 자외선에 산소가 반응하면서 일중항 산소라는 활상산소가 생성되기 때문인데, 반응성이 뛰어난 이 활성산소는 심할 경우 피부암을 발생시키기도 한다. 그래서 피부의 손상을 막으려면 활성산소를 발생시키는 외부 환경을 제어하는 것도 중요하지만 피부 내부에서 발생하는 활성산소를 제거하는 것도 그에 못지않게 중요하다.

그러므로 수소수의 항산화 작용은 당연히 피부를 보호하는 역할도 수행한다. 수소수로 세안이나 목욕을 하면 피부 표면에 붙어 있는 활성산소를 제거하여 산화를 방지함으로써 노화를 막아준다는 것이다. 그 좋은 예로, 자른 사과의 변화를 들 수 있다. 사과를 잘라 공기 중에 두면 자른 면이 금세 산화가 진행되어 시커멓게 변하지만 자른 사과를 수소수에 담가두면 상당기간 색깔이 변하지 않는 것을 보면 수소의 환원작용이 일시적이 아니라 오랜 시간에 걸쳐 유지되는 것임을 알 수 있다.

앞서 말했듯이 수소수는 성장 호르몬을 자극하여 노화 방지에도 탁월한 효과를 보이는데, 이런 노화 방지 효과가 피부의 노화도 방지한다. 이렇듯 수소수는 신경세포뿐만 아니라 피부도 보호하고 보수하는 것으로 밝혀졌다. 그래서 수소수의 이런 효과를 이용한 수소수 화장품이 개발되어 인기리에 판매되고 있다.

앞에서 수소수는 변비 개선에도 탁월한 효과를 보인다고 했다. 사실 변비는 피부 건강을 해치는 주범의 하나로 꼽힌다. 우리 몸이 건강하려면 몸속의 독소와 노폐물을 잘 배출해야 한다는 점에서 보면 당연하다. 변비와 장내 이상발효는 장에 쌓인 노폐물을 부패시켜 독성 물질을 생성시킨다. 이런 독성 물질이 혈액을 타고 우리 몸으로 퍼져 여드름이나 아토피 같은 질환을 일으킨다.

우리 몸속 장내에 쌓인 대변과 같은 부패물은 플러스 전하를 띤 탓에 자력이 작용하여 장에서 떨어지지 않는다. 이때 수소수를 통해 전자를 보내주면 그 전자력으로 인해 장

내 벽면이 중화되면서 자력이 작용하지 않아 부패물의 체외 배출이 한층 용이해지는 것이다. 또 전자는 장의 운동성을 활발하게 해주어서 숙변의 배출을 원활하게 하므로 만성 변비 해소에 결정적인 역할을 수행한다. 이렇게 변비가 해소되면 자연히 피부도 건강을 되찾게 되므로 수소수가 피부를 젊고 매끈하게 지켜준다고 한 것이다.

9. 그 밖에도 놀라운 작용

앞에서 언급한 효과 외에도 수소수는 운동능력 향상, 숙취 해소, 불면증 개선, 피로 해소 등에도 탁월한 효과를 보인 것으로 밝혀졌다.

운동능력이 향상된다는 것은 쉽게 지치지 않는다는 것이다. 수소수가 운동능력 향상에 효과가 있다는 것은, 운동을 할 때 발생하는 젖산이 쌓이지 않도록 수소가 신속하게 배출함으로써 근육이 쉽게 피로해지지 않도록 돕기 때문인 것으로 알려졌다. 젖산은 세포가 에너지를 생성할 때 분해되는 포도당의 부산물로 생기는 피로물질이다.

일정 시간을 초과하여 운동을 지속하면 근육이 더욱 많은 산소를 필요로 하게 되어 호흡이 빨라지는데, 운동량이 급격하게 늘어나게 되면 호흡량에 한계가 있으므로 필요한 만큼의 산소를 근육으로 보내지 못하게 된다. 그러면 근육에서 무산소 호흡이 일어나 젖산이 쌓인다. 이 젖산을 분해하여 몸 밖으로 내보내는 역할을 수행하는 것이 바로 수소수가 파견한 전자다.

젖산은 혈액 가운데 젖산이온과 수소이온이 결합된 형태로 존재하는데, 수소이온에 혈액 중의 산소와 전자가 더해지면 물로 변해서 소변으로 배출된다. 이때 짝을 잃고 혼자 남은 젖산이온은 쉽게 배출되므로 젖산으로 인한 피로가 해소되는 것이다.

스포츠의학 분야의 세계적인 권위로 통하는 일본 쓰쿠바대학의 미야카와 박사가 운동선수들을 대상으로 수소수의 효능을 실험한 결과 수소수의 탁월한 젖산 억제 효과를 확인했다. 같은 양의 운동을 하고서도 보통 물을 마신 그룹에 비해 수소수를 마신 그룹의 젖산 수치가 훨씬 낮게 측정되었으며, 근육이 피로할 때 나오는 효소도 수소수를 마신 그룹에서 훨씬 적게 생성된 것으로 밝혀졌다.

또한 수소수는 숙취 해소에도 뛰어난 효과를 발휘한다. 숙취는 알코올의 중간 대사물질인 아세트알데히드의 농도가 높아져서 생긴다. 술을 마시면 간에서 알코올을 흡수하는데, 알코올은 이윽고 아세트알데히드로 변했다가 초산으로 분해된다. 이때 활성산소가 대량으로 발생하는데, 술 냄새가 독하게 나는 것은 분해된 초산 때문이다.

그러므로 숙취를 빨리 해소하려면 높아진 아세트알데히드의 농도를 희석시켜야 한다. 이때 간이 알코올을 분해하는 과정에서 체내 수분을 대량으로 사용하는 까닭에 음주가 과할수록 더욱 갈증이 난다.

따라서 물을 많이 마시면 신진대사를 촉진하고 아세트알데히드의 농도를 희석시키는 효과가 있으므로 음주 후에는 물을 많이 마시는 것이 좋다. 그러면 초산이 대량으로 발생시킨 활성산소를 제거하는 데 도움이 되므로 알코올이 더 잘 분해된다. 이때 보통의 물보다는 수소수를 섭취하면 활성산소 제거에 더욱 효과적이므로 그만큼 숙취 해소 효과도 커진다.

앞에서도 말했듯이 수소수는 피로를 빨리 풀어주는 효과를 발휘할 뿐 아니라 불면증 완화에도 영향을 미치는 것으로 알려지고 있다. 우리 몸의 교감신경을 자극하면 활성산소 생성이 늘어나면서 산화 스트레스가 증가한다. 이런 환경을 수소의 환원작용으로 중화시키면 긴장된 몸이 이완되면서 심리적으로 안정됨에 따라 불면증이 개선되는 것으로 보인다.

[1] 혈압수치가 떨어졌어요.

수소수를 하루 2리터씩 3개월간 꾸준히 마셨더니 혈압이 145에서 120으로 떨어졌고, 이후 정상 혈압을 유지할 수 있었습니다. _김○○(여성), 대전, 48세

[2] 아토피 피부가 좋아졌어요.

어머니의 권유로 수소수를 하루에 1.5리터씩(3병) 1개월간 한 번도 거르지 않고 마시고 났더니, 가려워서 늘 피부를 긁어댔던 제가 어느 때부터인가 긁기를 멈추게 되어 날듯이 기뻤습니다. _안○○(남성), 서울, 30세

[3] 위장이 편안해졌습니다.

20대부터 40년 이상을 위장병 때문에 속이 쓰리고 아파서 위장약을 밥 먹다시피 복용했는데 수소수를 매일 마시

기 시작한 지 2주쯤 지나서부터는 더 이상 위장약을 먹지 않아도 속이 편안해졌습니다. _정ㅇㅇ(남성), 김해, 65세

[4] 과음으로 인한 숙취가 말끔히 가셨습니다.

업무상 술 접대를 많이 하는 직업이라 늘 과음을 해야 해서 음주 다음날이면 숙취에 시달렸습니다. 그런데 지난달부터 동료의 권유로 음주 후에는 반드시 수소수를 한 병 마시고 잤더니 다음날 숙취가 씻은 듯이 사라졌습니다.

_최ㅇㅇ(남성), 서울, 48세

[5] 당 수치가 정상으로 돌아왔어요.

당뇨 때문에 늘 마음 졸이며 정기검진을 받으러 다녔습니다. 그런데 시동생의 권유로 수소수를 하루 4병씩 3개월쯤 마신 무렵에 당 수치가 거의 정상으로 돌아와서 저 자신만큼이나 의사선생님도 깜짝 놀라더군요.

_이ㅇㅇ(여성), 서울, 55세

[6] 피로감이 확연히 줄었습니다.

잦은 출장으로 장거리 운전에 시달린 탓인지 쉽게 피로

해져서 서울에서 부산까지 운전할 경우에는 보통 서너 번은 쉬어야 했습니다. 그런데 요 몇 달간 수소수를 날마다 챙겨 마셨더니 한 번도 쉽지 않아도 장거리 운전이 거뜬해졌네요. _김○○(남성), 서울, 47세

[7] 배변의 독한 냄새가 거짓말처럼 없어졌어요.

나이 들면서 배변 냄새가 더욱 독해져서 화장실 이용자에게 미안한 나머지 집 안에서나 밖에서나 화장실을 사용하는데 늘 마음이 불편했어요. 그런데 남편의 권유로 수소수를 마시고 나서부터는 독한 냄새가 없어져서 이젠 화장실에 편안하게 갑니다. 수소수가 여자로서의 저를 살렸네요. _여○○(여성), 분당, 54세

[8] 드디어 변비 스트레스가 끝났습니다.

아침마다 배가 아파서 화장실에 가면 심한 변비로 저를 기본 30분 넘게 고생했는데, 수소수를 마시고 한 달쯤 지나면서부터는 3분이면 충분한 쾌변으로 매일 아침이 상쾌해졌어요. 아침의 행복이 이런 건가요. _박○○(여성), 수원, 35세

[9] 침침했던 눈이 맑아졌어요.

평소에는 안개가 낀 듯 눈이 늘 뿌옇고 침침해서 답답했어요. 그런데 딸의 권유로 수소수를 한 달쯤 마시고 나니 새로운 세상이 열린 듯 눈앞이 환해졌습니다. 제 눈이 소녀처럼 맑아졌다고 딸이 놀리기까지 하네요.

_고○○(여성), 대전, 52세

[10] 입 냄새가 없어져서 대화가 즐거워요.

아무리 양치질을 해도 입 냄새가 가시지 않아서 부부관계는 물론 일상의 대화도 곤란해서 매사에 자신감을 잃고 대인기피증까지 생겼습니다. 그런데 수소수를 마시고 나서부터는 언제부턴가 입 냄새가 싹 사라진 거예요. 이젠 대인관계가 다시 즐거워졌습니다. _박○○(여성), 서울, 38세

[11] 혈관 나이가 10년 이상 젊어졌어요.

친구 5명이 혈액검사를 받게 되었는데, 그중 3명은 50~60대 혈관으로 나오고, 저를 비롯한 2명은 40대 혈관으로 나온 겁니다. 3명이 부러운 눈으로 바라보며 비결이 뭐냐고 묻더군요. 그래서 "너희들도 수소수를 석 달만 마셔

봐" 했지요. _정○○(여성), 서울, 58세

[12] 오래 묵은 관절염이 도망갔어요.

조금만 걸어도 무릎이 아파서 잘 걷지를 못하고 힘들어 했어요. 밤이면 또 얼마나 아린지요. 그런데 아들이 사다준 수소수를 꾸준히 마시고부터는 동네 뒷산을 2시간씩 걸어 다녀도 무릎이 거뜬해요. _이○○(여성), 서울, 65세

[13] 피부가 맑고 밝아졌어요.

칙칙한 피부 때문에 늘 고민이었는데, 수소수를 꾸준히 마시고부터는 화장도 잘 스며들고 피부도 무척 맑고 밝아졌어요. 보는 사람마다 예뻐졌다고 하네요.

_유○○(여성), 서울, 42세

[14] 알레르기 비염에서 해방되었어요.

환절기는 물론이고 환경이 조금만 바뀌어도 어김없이 콧물 재채기에 시달리면서 비염약을 달고 살아왔습니다. 약의 후유증 때문에 아토피까지 오더군요. 그런데 수소수를 마시고 얼마 후부터는 다른 약을 먹지 않아도 신기하게 콧

물 재채기가 사라졌어요. _김○○(남성), 부산, 45세

[15] 탈모 고민, 이제 안녕입니다.

매일 아침 세면대 거울 앞에서 한 움큼씩 빠지는 머리카락은 엄청난 스트레스였어요. 이대로 대머리가 되는 건 아닌지 무섭기도 했고요. 그런데 친구의 권유로 수소수를 마시고 부터는 언제부턴가 빠지는 머리카락 수가 눈에 띄게 줄어들더니 이젠 정상으로 돌아왔어요. _한○○(여성), 서울, 36세

5장 수소수, 무엇이든 물어보세요

1. 좋은 수소수란 무엇인가요?

A : 수소수에 함유된 수소를 인체에 전달하기까지 물속에 잘 머물러 있어야 해서 좋은 수소수의 조건은 수소 용존량이 많아야 하고, 수소 용존 시간이 길어야 하고, 온도 변화에도 수소 용존량이 높아야 합니다. 그래서 흔히 기적의 물로 불리는 유명한 샘물들은 예외 없이 수소 용존률이 높은 것으로 나타났습니다.

사실 수소는 플라스틱 용기도 통과하여 날아가 버릴 만큼 분자가 미세하고 확산성이 뛰어나기 때문에 시간이 지날수록 수소수 내의 수소 용존량은 시나브로 줄어들 수밖에 없습니다. 그러므로 좋은 수소수의 관건은 수소가 물속에 얼마나 오래 머물도록 만드느냐는 것이지요.

그러므로 물속에 수소를 오래 잡아둘 수 있는 기술이야

말로 좋은 수소수를 만드는 핵심 열쇠라고 할 수 있습니다. 한편 물속에 용존된 수소는 온도 변화에 매우 민감합니다. 그러므로 온도 변화에도 수소 용존량이 높아야 하는 것이 좋은 수소수가 갖춰야 할 빼놓을 수 없는 조건이지요. 수소는 분자 형태로 물속에 섞여 들어가 있는 것일 뿐이므로 온도가 변하면 금세 날아가 버리고 말기 때문입니다.

2. 우리 몸 안에서도 수소가 생성되나요?

A : 지금껏 촉매 없이는 반응성이 약한 수소가 몸속에 수소화 효소를 가진 일부 미생물을 제외하고는 생체에서 수소를 이용할 수 없는 것으로 알려졌습니다. 그러나 우리 몸속에서도 수소가 발생한다는 사실이 확인되었습니다.

하루 10리터 이상의 수소 가스가 발생하는데, 혈관에 흡수되는 21퍼센트 가운데 3분의 2가 호흡을 통해 배출되는 것으로 알려졌습니다.

수소는 몸속을 순환하는 가스 가운데 산소와 이산화탄소 다음으로 많은데, 주로 장에서 발생하여 혈액에 흡수되고 간장을 거쳐 전신을 순환한 다음 가스 상태로 폐에서 호흡기를 통해 빠져 나갑니다. 흔히 메탄가스로 알려진 방귀에도 수소가 포함되어 있습니다.

3. 수소수는 생활 속에서 어떻게 활용할 수 있나요?

A : 수소수로 쌀을 씻으면 잔류 농약이나 산화된 성분을 없애주고, 과일이나 야채는 표면에 남아있는 농약을 제거해 신선도가 오래 유지됩니다. 그리고 요리를 할 때 수돗물 대신 수소수를 사용하면 재료들의 원래 맛을 살려줍니다. 또한, 커피나 차를 마실 때에도 수소수를 넣으면 맛이 부드럽고 좋습니다. 일상 속에서는 머리를 감을 때나 세안을 할 때, 다이어트할 때, 변비일 때, 피부염이 생겼을 때, 어린이 아토피 개선에도 도움을 줍니다.

4. 수소를 다른 항산화 물질들에 비해 특별하다고 하는 이유는 뭔가요?

A : 우리 몸의 노화와 질병의 90퍼센트 이상은 독성 활성산소로 인해 일어나는데, 수소는 그런 독성 활성산소만을

선택적으로 제거하여 인체 각 기관과 뇌세포에까지 도달할 수 있는 유일한 항산화제입니다. 인체에는 활성산소를 제거하는 인체 내 천연효소로 항산화효소(SOD)가 있는데, 이 효소는 35~40세에 이르면 더 이상 생성되지 않습니다. 그러므로 늦어도 40세 이후에는 항산화효소를 대체할 수 있는 항산화제가 필요합니다.

수소는 비타민 C보다 176배나 강한 항산화 효과가 있으면서도 인체에는 무해하여 하늘이 내린 항산화 물질이라고 할 수 있습니다. 또 수소는 우리 몸속에서 혈류를 통해 전달되지 않고 확산을 통해 전달되기 때문에 혈관이나 혈액에 문제가 생겼을 때도 상관없이 각 세포에 도달하는 유일한 물질입니다.

5. 수소수는 각종 암이나 간 질환의 예방이나 개선에도 효과가 있나요?

A : 네, 그렇습니다. 우리 몸에서 끊임없이 발생하는 암세포의 대부분은 면역세포가 제거합니다. 살아남은 일부 암세포가 집단을 이루어 세포조직에 침투해 퍼지려고 하는

데, 수소수가 이런 암세포의 침윤을 억제합니다.

암세포 안에 있는 과산화수소가 암세포의 침윤을 촉진하는데, 수소가 그 과산화수소의 절반 가까이를 억제하여 동력을 크게 약화시키는 것입니다. 수소는 한편으로 방사선 치료를 비롯한 항암 치료에 따른 부작용을 크게 줄여주는 것으로 밝혀졌습니다.

또 간에서 지나치게 발생하는 활성산소를 효과적으로 제거하여 지방이 과산화지질로 변하는 것을 막는 역할을 수행하는 것이 바로 수소수입니다.

간염이란 간에서 일어나는 염증인데, 간이 활성산소와 과산화지질의 공격에 노출되면 염증이 악화되어 더욱 심각한 질병으로 발전합니다. 이런 사태를 막기 위해 수소는 환원작용을 통해 활성산소를 제거하고 과산화지질의 생성을 억제합니다.

6. 수소수는 다이어트나 운동능력 향상에도 효과가 있다는데 왜 그런가요?

A : 고정화된 지방조직에서는 혈액순환과 섭취한 물질의

움직임이 원활하지 못하기 때문에 혈류를 따라 이동하는 다른 항산화 물질이 지방조직에 도달하는 데 어려움을 겪습니다. 그러나 수소는 지방조직에 쉽게 도달하므로 체지방을 감소시키는 효과를 내는 것입니다.

수소수를 장기간에 걸쳐 꾸준히 음용하면 지방산과 당 소비를 촉진함으로써 간장 호르몬의 발현을 증강시켜 비만을 감소시키는 것으로 알려졌습니다.

또 수소수는 운동능력 향상, 숙취 해소, 불면증 개선, 피로 해소 등에도 탁월한 효과를 보인 것으로 밝혀졌습니다. 수소수가 운동능력 향상에 효과가 있다는 것은, 운동을 할 때 발생하는 젖산이 쌓이지 않도록 수소가 신속하게 배출함으로써 근육이 쉽게 피로해지지 않도록 돕기 때문인 것으로 알려졌습니다.

7. 수소수를 마시면 다른 항산화제를 섭취하지 않아도 되나요?

A : 비타민과 같은 다른 항산화제를 수소수와 함께 음용하면 도움이 됩니다. 수소는 활성산소 중 가장 독성이 강한

하이드록실 라디칼을 선택적으로 제거합니다. 나머지는 우리 몸에서 생성되는 효소가 대부분 제거하지만 나이가 들면(대체로 늦어도 40세가 이후) 그 효소의 분비가 중단되므로 그 효소를 대체할 수 있는 항산화제를 함께 음용하는 것이 필요합니다.

8. 수소수를 마시고 일시적으로 몸이 안 좋아진 느낌이 드는 것은 왜 그런가요?

A : 호전 반응이라는 게 있습니다. 질병이 치유되는 과정에서 일시적으로 나타나는 여러 가지 현상을 말하는데, 아픈 사람이 수소수를 마시고 낫는 과정에서도 나타날 수 있습니다. 수소수를 음용하기 전보다 건강이 더 악화되는 것처럼 느껴지기도 하고, 일시적인 통증이 발생하기도 합니다. 하지만 호전 반응이 클수록 질환의 경과가 더 좋아진다는 신호입니다. 명현 반응이라고도 합니다.

수소수로 건강을 지키자

다양한 질환에 대한 수소수의 치료 효과를 두고서 아직도 논란이 가라앉지 않고 있는 것은 사실이다. 게다가 악의적인 폄훼와 공격까지 일어나고 있다. 여기에는 다양한 의료 주체들의 이해관계가 작용하고 있는 탓도 있겠지만 권위적인 학계의 자존심 싸움도 한몫 거들고 있다. 결국, 우리 몸의 건강에 미치는 수소수의 효능을 깎아내리거나 심지어 통째로 부정하는 언사는 순수한 의학적인 이유보다는 이해관계나 자존심에 기인한 정치적인 이유가 바탕을 이루고 있는 것이어서 안타깝기 그지없다.

물론 수소수가 만병을 고치는 만병통치약은 아니지만 지금까지의 약제와 치료법으로는 낫기 어려운 다양한 질환들을 근본적으로 치유하는 데 탁월한 효능을 보이고 있다는 사실은 분명하고 또 변함이 없다. 게다가 더욱 확실한 증거들이 계속 새롭게 쌓여가고 있어 그 신뢰성은 나날이 높아지고 있는 현실이다.

수소는 이 우주에 가장 많이 존재하는 원소이면서도 다른 모든 원소를 탄생시킨 가장 원시적인 물질이기도 하다. 우주 모든 원소의 시초와도 같은 수소는 이 세상 모든 유기물과 생명체에 깃들어 작용하고 있다. 이렇듯 생명 에너지의 원천이자 생명의 원소인 수소는 지금껏 해결하지 못한 많은 질환 치료의 난제들을 풀 수 있는 확실한 실마리로 여겨지고 있다.

우리 몸의 노화와 질병의 90퍼센트 이상은 독성 활성산소로 인해 일어나는데, 수소는 그런 독성 활성산소만을 선택적으로 제거하여 인체 각 기관과 뇌세포에까지 도달할 수 있는 유일한 항산화제다. 인체에는 활성산소를 제거하는 인체 내 천연효소로 항산화효소(SOD)가 있는데, 이 효소는 35~40세에 이르면 더 이상 생성되지 않는다.

그러므로 늦어도 40세 이후에는 항산화효소를 대체할 수 있는 항산화제가 필요하다. 수소는 비타민 C보다 176배나 강한 항산화 효과가 있으면서도 인체에는 무해하여 하늘이 내린 항산화 물질이라고 할 수 있다. 이런 기초적인 사항은 의학적으로 이미 충분히 검증된 사실이다.

또 그동안 난치병이나 불치병으로 인류를 괴롭혀온 많은 질환들이 수소수의 효능을 실마리로 삼아 의미 있는 치유 효과를 본 실험 결과와 실제 사례들이 속속 나타나고 있는 것은 고무적인 현상이다.

참고도서 및 언론보도

이제는 수소수시대 / 지은상 / 건강신문사

사람을 살리는 물, 수소수 / 김인혁 / 평단

웰빙 바람에 뜨는 수소수, 정말 몸에 이롭나 / 연합뉴스 / 2018.08.12.

몸속 독소 쑥 빼주는 명품 수소수 / 매일경제 / 2018.04.18.

노화 원인 활성산소, 수소수로 배출하세요 / 매일경제 / 2018.03.14.

미세먼지 진폐증 수소수로 해결 / 충북일보 / 2018.04.30.

[이덕환의 과학세상] 수소수 / 디지털타임즈 / 2018.01.23.

'더 수소수' 활성산소 배출 / 아시아경제 / 2018.02.26.

활성산소 몸에서 없애야 건강 / 헤럴드경제 / 2018.03.23.

정수기 물보다 나은 수소수를 마시자 / 스포츠조선 / 2017.06.14.

수소수로 체내 활성산소 잡는다 / 전북일보 / 2017.11.02.

수소수 효능은? 노화방지 · 소화불량 완화 / 아시아투데이 / 2018.01.01.

함께 읽으면 두 배가 유익한 건강정보

1. 비타민, 내 몸을 살린다 정윤상 | 3,000원 | 110쪽
2. 물, 내 몸을 살린다 장성철 | 3,000원 | 94쪽
3. 면역력, 내 몸을 살린다 김윤선 | 3,000원 | 94쪽
4. 영양요법, 내 몸을 살린다 김윤선 | 3,000원 | 98쪽
5. 온열요법, 내 몸을 살린다 정윤상 | 3,000원 | 114쪽
6. 디톡스, 내 몸을 살린다 김윤선 | 3,000원 | 106쪽
7. 생식, 내 몸을 살린다 엄성희 | 3,000원 | 102쪽
8. 다이어트, 내 몸을 살린다 임성은 | 3,000원 | 104쪽
9. 통증클리닉, 내 몸을 살린다 박진우 | 3,000원 | 94쪽
10. 천연화장품, 내 몸을 살린다 임성은 | 3,000원 | 100쪽
11. 아미노산, 내 몸을 살린다 김지혜 | 3,000원 | 94쪽
12. 오가피, 내 몸을 살린다 김진용 | 3,000원 | 102쪽
13. 석류, 내 몸을 살린다 김윤선 | 3,000원 | 106쪽
14. 효소, 내 몸을 살린다 임성은 | 3,000원 | 100쪽
15. 호전반응, 내 몸을 살린다 양우원 | 3,000원 | 88쪽
16. 블루베리, 내 몸을 살린다 김현표 | 3,000원 | 92쪽
17. 웃음치료, 내 몸을 살린다 김현표 | 3,000원 | 88쪽
18. 미네랄, 내 몸을 살린다 구본홍 | 3,000원 | 96쪽
19. 항산화제, 내 몸을 살린다 정윤상 | 3,000원 | 92쪽
20. 허브, 내 몸을 살린다 이준숙 | 3,000원 | 102쪽
21. 프로폴리스, 내 몸을 살린다 이명주 | 3,000원 | 92쪽
22. 아로니아, 내 몸을 살린다 한덕룡 | 3,000원 | 100쪽
23. 자연치유, 내 몸을 살린다 임성은 | 3,000원 | 96쪽
24. 이소플라본, 내 몸을 살린다 윤철경 | 3,000원 | 88쪽
25. 건강기능식품, 내 몸을 살린다 이문정 | 3,000원 | 112쪽

건강이 보이는 건강 지혜를 한권의 책 속에서 찾아보자!

도서구입 및 문의 : 대표전화 0505-627-9784

함께 읽으면 두 배가 유익한 건강정보

1. 내 몸을 살리는, 노니 정용준 | 3,000원 | 94쪽
2. 내 몸을 살리는, 해독주스 이준숙 | 3,000원 | 94쪽
3. 내 몸을 살리는, 오메가-3 이은경 | 3,000원 | 108쪽
4. 내 몸을 살리는, 글리코영양소 이주영 | 3,000원 | 92쪽
5. 내 몸을 살리는, MSM 정용준 | 3,000원 | 84쪽
6. 내 몸을 살리는, 트랜스퍼 팩터 김은숙 | 3,000원 | 100쪽
7. 내 몸을 살리는, 안티에이징 송봉준 | 3,000원 | 104쪽
8. 내 몸을 살리는, 마이크로바이옴 남연우 | 3,000원 | 108쪽
9. 내 몸을 살리는, 수소수 정용준 | 3,000원 | 78쪽
10. 내 몸을 살리는, 게르마늄 송봉준 | 3,000원 | 84쪽

⇨ 내 몸을 살리는 시리즈는 계속 출간 됩니다.